OBSERVATIONS REGARDING

Non-Prime Odd Numbers

BY

Joe Hilley

D | G

Dunlavy + Gray
HOUSTON

Dunlavy + Gray ©2021 by Joe Hilley

Library of Congress Control Number: 2021902961
ISBN: 978-1-7364105-1-6

Typesetting and cover design by Fitz & Hill Creative Studio.

Philosophy is written in this grand book,
the universe, which stands continually
open to our gaze. But the book cannot
be understood unless one first learns to
comprehend the language and read the
letters in which it is composed.

—Galileo Galilei

CONTENTS

Introduction 1

Chapter 1   Numbers..5

Chapter 2   The Quest for a Prime Explanation............16

Chapter 3   A Different Approach 25

Chapter 4   Patterns and Sequences..............................33

Chapter 5   Patterns Within Patterns 38

Chapter 6   Will the Alternative Method Work? 56

A Concluding Remark 62

Notes 63

Bibliography...67

Further Reading..69

Chart 1   The Six-Number Sequence from 9 through 10,500 70

Chart 2   Prime Numbers from 0 to 3000 180

Chart 3   Multiples of 3, 5, 7, 11 186

INTRODUCTION

Counting seems to be a property of human existence. One way or another, humans have always counted things. People, animals, distance, time. We like to keep track of things and the best way we've found so far is to count them. Quantify them. Give them a value. Assign a number to the things we possess, the days of the year, the events of our lives.

Some—maybe not you, or I, and certainly not an academic mathematician—think the word mathematics has no specific definition. Others debate whether numbers exist objectively as a thing or only as ideas in our minds. No one seems to have mentioned any of this to the numbers, though. They keep showing up everywhere, unabated and unaffected by what we might think of them. The tick of a clock marking successive moments. The curve of a flower petal. The bend in a river. The arrangement of images in a proportioned work of art. And in the software that powers your computer. Numbers are everywhere.

Indo-Arabic numerals were invented sometime during the first five hundred years of the Current Era. From then until now, math enthusiasts of every sort or type have studied them, manipulated them, added and subtracted, multiplied and divided, rooted, squared and cubed them. Yet for every question we have answered about numbers, many more have taken their place. Every door opened leads to two more that are closed. Everything we learn reveals more we don't understand.

One aspect of numbers that has continued to fascinate academics and amateurs alike is the nature of prime numbers. Those curious numbers that have no factors other than 1 and themselves. Numbers like 3 and 5 and 7. Everyone knows they exist. Since the time of Euclid, we've been convinced they are as infinite as all the other numbers. But so far, no one has determined how they appear in the places where they occur. And more specifically, no one has determined an efficient, accurate equation that can identify prime numbers predictively—an equation that would tell us what the next prime number is solely by operation of that equation.

Some have suggested an equation that identifies the next prime number, without our already knowing the answer in advance, might be impossible to obtain. That seems plausible to anyone who has seriously contemplated the matter—exploring the prime numbers can be complicated—but it also seems wrong, too.

Math is a system of reasoning based on logic. One plus one equals two and for most of us, the answer to that problem is always two. A theoretician might know of a time or circumstance when that argument yields a different answer—a time when one plus one might give a different sum—but for the person on the street, one plus one always equals two. So, the notion that a logical system that produces certain, knowable, irrefutable results cannot also have an equation that produces, prospectively, the next prime number— that cannot even state definitively why prime numbers exist—seems illogical. Answers to the questions about prime numbers must be out there, somewhere. They have to be. The system in which they exist demands an explanation of their existence.

When the pandemic of 2020 reached us, I was confined to the house, at my wife's insistence and on my own advice. Being inside all day, seated and working at my desk wasn't really anything new for me. As a writer, I have spent most of the past twenty years that way. But with everyone else initially confined as well, the time and moment seemed different. Life in Houston slowed dramatically. Airplanes no longer flew overhead all day. The constant noise of traffic on the avenue near our home and on the highway a short distance away fell silent.

The moment reminded me of when I was a young boy. I loved rainy days back then because I had a ready-made excuse for not going outside. Even in elementary school, all I wanted to do was sit inside and read, scribble ideas in a notebook, think and imagine. One day, my mother saw me reading in my room and, after a few questions, discovered I was in a competition with a classmate. A race to see who could read the most books by the end of the year. She took the book from my hand and told me, "Boys are supposed to be outside. Get outside and play."

At the time, the thought of playing with kids in the neighborhood terrified me. They all were faster and more athletic than I. Certainly bigger and stronger. Whatever qualities people possess that make others want to be around them, it seemed they had it and I did not. So I found ways to compensate for my discomfort. Talking constantly was helpful. And humor, too. But being forced to play outside was not a pleasant experience for me.

That all came back to me when Houston was in lockdown and the streets got quiet and a strange sense of freedom came over me. When I realized what had happened—that it was like a rainy day when I was young—I decided to do now what I had wanted to do back then, which was to delve into a topic without knowing anything about it ahead of time. To explore a subject without knowing how the information I might discover would be used. Without even knowing whether I could find useful information at all. To delve into a topic simply for the joy of diving in and going as near to the bottom of an idea as I could go.

For my first quest I chose the topic of prime numbers. Not the kind of study an academic mathematician might undertake, but a quest, nonetheless.

Some of you might not care for math. Some might be confused by it. Some might even be afraid of it. I understand. For much of my life, attempts to study math began as an interesting idea but very quickly morphed into a swarm of bees that buzzed around my head. Constant motion. Lots of noise. Utter chaos. The fear of a painful sting. This won't be like that.

If you'll turn the page, I'll show you what I found. I think you'll be intrigued.

$$\left(\,1\,\right)$$

NUMBERS

Positive numbers appearing on a number line begin with zero and proceed toward successively larger numbers. They do this by operation of a simple equation n+1, repeated in a sequence such that 0+1=1, 1+1=2, 2+1=3... often written as $n_1+1=n_2$, $n_2+1=n_3$, $n_3+1=n_4$.... Numbers arranged in this way form a *divergent sequence*. One that never reaches a definitive conclusion.

The positive whole numbers starting from 0 are typically referred to as *natural numbers* or *counting numbers*. I like the designation *counting numbers* because everyone knows what that means. They are the numbers we use to count things.

Counting numbers can be further differentiated by designating them as either *prime numbers* or *composite numbers*. Prime numbers are whole numbers that have no factors other than 1 and the number itself. They cannot be produced through multiplication using other smaller whole numbers.

The numbers 3, 5, 7, 11, and 13, for example, are prime. The factors for 3 are 1 and 3. They are the only positive whole numbers we can multiply together and produce 3. The same is true for 5. Its only factors are 1 and 5. And the same is true for 7, 11, and 13. They and other numbers like them are prime numbers.

Only odd numbers can be prime numbers[1]. Stated the other way, all prime numbers are odd numbers (but not all odd numbers are primes).

By contrast, composite numbers are numbers that can be produced multiplicatively using other smaller numbers. All composite numbers have factors—smaller whole numbers that can be multiplied together to produce the composite number.

Four is a composite number. It can be produced by multiplying two smaller whole numbers—2x2=4. Six is also a composite. It can be produced by multiplying two smaller whole numbers—2x3=6. The smaller numbers used to produce these larger numbers are called *factors*—2 and 3 are factors of 6.

Composite numbers have factors—numbers other than 1 and the number itself that can be used to *compose* them through multiplication. Because composite numbers have factors, they cannot be prime numbers.

BASE TEN

The numerical system we use today is a decimal or decadic system, meaning it is based on groups of 10. We count and collect numbers, objects, things, until we have a group of 10, then we mark it as a group and count another group. In this regard, the number 23 could be described as 2 ten, 3. It is comprised of two groups of 10 and 3 more singles. The singles are known as *ones*. The groups are known as *tens*.

We start with ones and collect them into groups of ten. When we have ten groups of ten, we label them as a hundred. Ten groups of one hundred make a thousand. Ten, ten, ten, all the way up as high as we want to count.

This is the basic grouping of our numerical system, but it is not the only way numbers are grouped. In the chapters that follow we will find that our system is comprised of many groups—sets, subsets, series, cycles—that interact in curious ways.

FACTORS

Factors can be distinguished from each other in at least two ways. Some are *trivial factors*. Others are *non-trivial factors*. The trivial factors of a number are 1 and the number in question. In an example noted above we saw that 3 has factors of only 1 and 3. One and 3 are the trivial factors of 3.

They are *trivial* in that all numbers have 1 and the number itself as factors. In the world of mathematics, they are considered self-evident and obvious, usually having no substantive effect on calculations other than to characterize a number as prime. Prime numbers have only trivial factors.

Non-trivial factors are factors *other than* 1 and the number itself. They are also referred to as *proper factors*. The number 8, for instance, has <u>trivial</u> factors of 1 and 8. Its <u>non-trivial</u> factors are 2 and 4—additional numbers that can be multiplied together to make 8. Two and 4 are proper factors.

All even numbers have non-trivial factors. They are never prime…with a tiny exception we will touch on later, but don't worry about it. It won't affect us at all.

ODD OR EVEN

In addition to being prime or composite, all positive whole numbers can be characterized as either odd numbers or even numbers. Even numbers are those numbers that are divisible by 2 without leaving a remainder. Odd numbers are those that cannot be divided evenly by 2.

The number 7, for instance, is odd. It cannot be divided evenly by 2. If you try, you are left with a remainder—the answer is a whole number plus a little more. (7÷2=3.5). Even numbers, on the other hand, can be divided by 2 without anything leftover (8÷2=4).

Half of all whole numbers are even, and half are odd. They occur along the number line in alternating fashion—odd, even, odd, even—forming a sequence that could be described as O, E, O, E, O, E ….

Multiplying any number by an even number produces and even number as the product. *Even×Even=Even; Even×Odd=Even.*

Odd numbers are achieved multiplicatively only by combining odd numbers with other odd numbers. *Odd×Odd=Odd.* That is the only way to obtain odd numbers as the product of multiplication.[2]

THE CUMULATIVE NATURE OF NUMBER PROPAGATION

Proceeding number by number along the number line, beginning from 0, the next number is 1. One is followed by 2, then 3, 4, 5, 6, 7, 8, 9 and so on according to the formula of $n+1$ mentioned above. In this way, succeeding whole numbers are created by adding 1 to the previous whole number ($0+1=1$, $1+1=2$, $2+1=3$, $3+1=4$...).

The value of each successive number is cumulative. It includes the value of the number immediately preceding it. Two includes the value of 1, plus 1 more. Three includes the value of 2, plus 1 more. Four is the value of 3 (which includes the values of 2 and 1), plus 1 more. No number stands on its own. It holds the previous value, plus the addition of one more unit.

This cumulative system of propagating numbers produces at least two results. It ties the value of a succeeding number to the value of the number that occurred before it. And it creates a process by which prime numbers are "transformed" into composite numbers. Even numbers are transformed, too, but their transformation occurs instantly. Odd numbers take a while longer to become composites.

For instance, assume for a moment that 2 is the first even number. By the propagation device of adding one more unit, the next number is 3. It is odd. If we continue the propagation by adding 1, the number after 3 is 4 and it is even. It has a non-trivial factor ($2×2=4$) which makes it a composite number. In this way, 2 is transformed into 4 by means of the propagation mechanism implicit in the numbering system and it happens almost from the beginning of life on the number line.

Every even number greater than 2 is a composite number. This means that half of all counting numbers that are known to exist, and that will ever exist, are composite numbers and their composite nature appears with the emergence of the second even number on the number line.

Prime numbers are also transformed into composite numbers, but that transformation is slower. Assume for a moment that 1 is the first odd number. And assume it is also the first prime number. It becomes 2 by the addition of 1 (1+1=2), creating the first even number. But when 1 is added to that even number, it becomes 3, and the second odd number appears. The odd half of this pattern continues along the number line as a sequence, the beginning of which is 1, 3, 5, 7, 9, 11, 13, etc. In this example, 9 is the only number that is composite. The next composite odd number is 15, six numbers farther down the number line. A much slower rate of transformation than for evens.

Of the corresponding even number sequence—2, 4, 6, 8, 10, 12, 14—only 2 is non-composite. All of the other numbers in that even number sequence have factors other than 1 and themselves. In this sense, the transformation of even numbers from non-composite to composite is immediate.

All positive counting numbers ending in 0, 2, 4, 6, 8, etc. that are greater than 2 are both even numbers and composite numbers. After two, even numbers appear on the number line as composites in a predictable, dependable, comfortable rhythm.

With odd numbers, cumulative propagation produces a different result. One becomes 3, then 5, then 7, 9, 11, 13, 15, 17, 19, 21. The first non-prime odd number is 9. It is the first number on the number line that is both an odd number and a composite number. The next non-prime odd number after 9 is 15. Then 21.

Unlike the sequence for even numbers, in which every number is composite, the odd numbers include some numbers that are composite and some that are prime. This mixture of prime and composite means the odd numbers follow an uneven rhythm. Some say an unpredictable rhythm.

In the sequence noted above—3, 5, 7, 9, 11, 13, 15, 17, 19, 21— the numbers 11 and 13, both of which are prime, intervene between

9 and 15, both of which are composite. Likewise, 17 and 19 intervene between 15 and 21. The sequence of odd numbers beginning with 1 and omitting 2 (see below)—expressed as P for prime and N for non-prime—is then P, P, P, P, N, P, P, N. Whereas the even number sequence for numbers greater than 2 is merely a string of composite even numbers we might designate as C, C, C, C....

As we continue along the number line, the value of each succeeding odd number grows larger and larger until we reach odd numbers that are multiples of the prime numbers that occurred earlier.

THE NUMBER LINE AS A PROCESS

When discussing numbers, we often think of the number line as a static representation of increments between a beginning point and an ending point, with points marked in between to denote the numbers that fit between those two points. That description is accurate, as far as it goes, but the number line is more than that. It is, in fact, a graphic representation of the process by which numbers are created.

As I have stated too many times already, our mechanism for creating numbers is the simple process of adding one more unit to the resulting number $n+1 = n_2$, $n_2+1 = n_3$.... This process of generating numbers continues without end and generates a continual stream of new numbers. A number line provides a visual depiction of that process with numbers appearing in an alternately odd and even fashion.

When I refer to the number line, I am referring to it as a *process*. A representation of the process by which numbers are created.

THE INFINITY OF PRIMES

The sequence of counting numbers begins with 1, then 2, 3, 4 and continues for as long as anyone cares to add 1 more unit to the resulting number. Seemingly to infinity. Without end. Never converging. Because the numbers continue to infinity, primes continue to infinity, too. This seems obvious to us and it was to mathematicians of antiquity also. A proof regarding the infinity of primes was first demonstrated by Euclid of Alexandria, a Greek mathematician who lived around 300 BCE.[3]

PRIMALITY OF THE NUMBER 1 AND 2...AND THE QUESTION OF 0

Euclid held that 1 was a unit—a unity—not a number and therefore could not be prime.[4] Many of the earliest mathematicians who came after Euclid followed his lead. Gradually, however, new ideas and concepts developed, and from time to time 1 was included as the first prime. It fits the definition—a number that has factors of only 1 and itself.

Since then, the primality of 1 sometimes has been fluid with some including it as a prime and some not. Today, however, 2 is generally accepted as the first prime and 1 is treated as a number that is neither prime nor composite but simply a "unit."

The principal reason for determining 1 is not prime lies with the way other formulas, equations, and theorems react to the inclusion of 1 as prime. The most important of those problematic theorems is the *Fundamental Theorem of Arithmetic*. Discovered and proved by Carl Gauss[5], this theorem states that every composite number greater than 1 can be expressed as the product of primes and that it can be done so in only one way. With 1 excluded from consideration, each composite number has a unique set of factors. If 1 is included as a prime, it would be a factor—albeit a trivial factor—of every number and thereby destroy the notion of unique factorization.[6]

Regarding theoretical considerations, there are workarounds for issues created by including 1 as a prime number, but the question of whether 1 is prime poses no problem for our discussion of the non-prime odd numbers. If 1 is a number, it remains undeniably odd. And if it is not a number but a unit, it *still* is odd.

As an additional note, the *Fundamental Theorem of Arithmetic* supposes the use of primes to create composites by multiplication. If 1 is included as a prime, all prime numbers could be expressed by *addition* using only the prime numbers appearing previously on the number line, using each prime only once per number. For example, through addition, 11 can be expressed as 7+3+1. This is true for every prime number, as long as 1 is included as a prime.[7]

And about the number 2...

The number 2 has been the subject of controversy as well, though no one has doubted it is a number. Many, however, have wondered whether 2 is prime. It is, after all, the number by which evenness is determined. Moreover, it is evenly divisible by 2. No other number evenly divisible by 2 is prime.

This is the tiny exception I mentioned earlier when I told you all even numbers have non-trivial factors. And that's true—except for 2. It is even but has only trivial factors—itself and 1—which makes the number 2 as unique and ambiguous as the number 1. However, most lists today include 2 as the first prime number.[8]

And that brings us to zero.

THE CURIOUS NATURE OF ZERO

The necessity of counting emerged early in human existence—how many animals were killed, hides cured, and the like. When people counted things, they typically did so by using their fingers. Sometimes their toes, too.

In the beginning, the total number of the count was preserved with notches carved into bones or sticks. Or by knots tied on a string. The values represented by those marks and knots were values of *something*. Counting *nothing* was impossible and the idea of using a symbol to represent the absence of something never crossed the mind of ancient humans.[9]

For a long time, there was no need for anything more sophisticated than a means of counting possessions or, later, laying out property lines. But as time went by, quantities increased. Transactions became more complex. Economies grew more sophisticated. And writing developed. Writing numbers required more than marks on a stick.

To help keep things straight, symbols were invented to represent various quantities that were recorded on clay tablets. Using marks to represent numbers in a vertical or linear writing system made the position of numbers critical. The number 2 is very different from 22 or 222. To keep everything in order, the Babylonians introduced a symbol (a pair of slanted wedge marks) for use as a placeholder when noting quantities of hundreds, tens, and singles together. Eventually, the placeholder became 0.

Zero, however, proved to be a controversial concept. The Greeks resisted its use. As did the Romans. And it wasn't until the West adopted the Hindu-Arabic system in the Current Era that the symbol came into vogue. Part of the reason for the resistance was cultural—the symbol came from the East and not from the West. But more fundamentally, their reluctance to adopt it came from the curious nature of the concept itself and how it interacted with established ideas about mathematics.[10]

In the fifth book of *Elements*, Euclid included a definition of proportionality that states: "Those numbers are said to have a ratio betwixt them which, being multiplied may exceed one the other." This is sometimes referred to as the *Axiom of Archimedes* and holds that numbers multiplied together increase in value. Numbers divided into each other decrease in value. Zero does not obey that axiom.[11]

Zero is like a prime, it has itself and 1 as factors. But 0 also has itself and every other number as a factor, too. The product of any number multiplied by 0 is 0. For instance, $0 \times 1 = 0$, and $0 \times$ a gazillion $= 0$. Likewise, 0 is evenly divisible by 2. Zero divided by 2 equals zero, but so does zero divided by any other number.

From another perspective, 0, having no value at all, has no factors at all. Anything multiplied by nothing yields nothing. Or everything multiplied by nothing yields nothing. For positive numbers, 0 produces the same answer either way you arrange it—making it the ultimate multiplicative palindrome. The ultimate oddity. The ultimate paradox.

THE EVEN CURIOUSER DISTRIBUTION OF PRIMES

Mathematicians have long thought that prime numbers are

distributed in an asymptotic manner. Never quite falling into the pattern we want. Much like the answer to the question, *how many fractions exist between 1 and 2*. The answer is, all the fractions that exist in the world, and though the number of fractions increases, they never quite reach the point of becoming that next whole number. Coming close to 2, but never quite reaching it. Attempts to describe how prime numbers occur and why they appear where they do are like that, too. Thus far, equations regarding them give answers that are close, but not precisely accurate.[12]

Several circumstances contribute to this. Among them is the fact that numbers are infinite, which means no matter how far you go along the number line, new numbers appear ahead of you. Primes are infinite, too, but as the values of the numbers *increase*, the frequency of primes *decreases*. That is, the farther one travels long the number line, the greater the distance between the primes. In that sense, primes are exactly like the fractions between 1 and 2. The more numbers we create, the primes move farther still, forming an infinite series. Yet, mathematicians persist in the attempt to calculate how many primes exist between any two given points.

Adrien-Marie Legendre, a French mathematician (1752–1833), wrestled with this issue and developed a theorem known as the *Prime Number Theorem*, which states that the number of primes less than a given value is—asymptotically—that given value divided by its natural logarithm. The result is an approximation that is glaringly incorrect with smaller numbers when measured against the actual count, but gradually moves closer to the correct count as the value of the numbers increase. Closer, but never quite reaching the actual count of the primes.

So, primes appear more frequently nearer 0 and less frequently the farther out the number line we go towards infinity. This apparent decreasing rate for primes is due to the growth in value of all numbers—prime and non-prime. As the numbers grow larger, the gap between primes increases. Yet, the counting numbers never stop propagating, always by adding only 1 to the last number, and always without end. The more numbers we create, the more there are to be created. As the non-prime composites come close to subsuming the primes, new primes always emerge just ahead.

STRUCTURE AND ORDER

Prime numbers occur in a manner that exhibits both order (structure) and disorder (randomness). This becomes obvious when we consider the gaps between prime numbers. An orderly sequence of primes appearing on the number line might do so with predictable gaps between them, only to be disrupted by gaps of an inexplicable distance.

For instance, setting aside the question of primality for a moment, the prime sequence begins with 1, 2, 3, 5, 7. That can be seen as 0+1=1, 1+1=2, 2+1=3, 3+2=5 … with each succeeding number being created by adding the last number to the one that came before it. That is, given 1, then 1+1=2, then 2+1=3, then 3+2=5, creating the sequence 1, 2, 3, 5 in what appears to be a Fibonacci sequence.[13]

Examining that sequence, we might think at first that we're on to something. Maybe these primes are going to fall in line after all. But if we continue studying it as a Fibonacci sequence, we add 5+3 for the next number … and we get 8, which is an even number, and there goes the nicely ordered sequence of primes right out the window.

If we ignored that result and moved along the number line anyway, we would notice that the gap—the steps between primes—is 2, 4, 2, 4, 6, 4, 2, 6, 4, 2, 4, 2, 6. And we might hope we can reconcile those differences into some predictable rhythm. After all, 2 and 4 make 6 so the gap is still 6, 6, 6, 6, only broken into more parts. Then we find the next gap is 8. Where did a gap of 8 come from?

But we keep going anyway and find the gaps from there are 4, 2, 6, 4, 6, 8. Another 8. Maybe we can work that into something understandable. And that goes on until we come to the prime number 113 and find the gap to the next prime—127—is 14 steps, for no obvious reason. And then we put down our pencil and think, *there must be another way.*

$$2$$

THE QUEST FOR
A PRIME EXPLANATION

The effort to understand prime numbers has occupied many of the best minds in history. Ancient texts suggest the Egyptians understood the difference between prime and composite as early as 1500 BCE. Serious study of mathematics as a discipline, however, did not begin until the Greek mathematicians, first with Thales of Miletus in 624 BCE and later with Pythagoras of Samos in 570 BCE.[14] Euclid, whose writings and ideas still control much of our understanding of mathematics, appeared around 300 BCE. He defined primes and primality, but it was Eratosthenes of Cyrene (276–195 BCE) who first delved deeply into the question of determining how many primes actually exist.

Many of the earliest Greek mathematicians viewed numbers and mathematics from a geometric perspective. Numbers were important, but only as a means of perfecting and applying their understanding of physical space. Pythagoras broke with that tradition and approached math as the basis for understanding life. For that purpose, he was predominantly interested in the counting numbers and their divisors. He used those divisors to classify numbers and place them in categories. Deficient numbers. Excessive numbers. Amicable numbers. Perfect numbers.

For instance, 10 has divisors (factors) of 1, 2, and 5—he disregarded the number itself as a factor. Adding those factors together gives a total of 8, which is less than 10 and makes 10 a *deficient* number. Twelve has divisors of 1, 2, 3, 4, and 6, which total 16, making 12 an *excessive* number. On the other hand, 6 has divisors of 1, 2, and 3, which total to 6, making it a *perfect* number. Pythagoreans were obsessed with finding perfect numbers.

They also searched for amicable numbers—numbers whose factors summed to a total equal to each other, 220 and 284, for instance. The divisors of 220 are 1, 2, 4, 5, 10, 11, 20, 22, 44, 55, and 110. When added together they equal 284. The divisors of 284 are 1, 2, 4, 71, 142, which total to 220. Hence, 220 and 284 were said to be amicable.[15]

No doubt, in working with the counting numbers and their divisors, the Pythagoreans became aware that some numbers had no divisors other than 1 and the number itself. These would become known as the prime numbers, a definition of which appears in Euclid's *Elements*.

Euclid and his contemporaries were aware that prime numbers existed but were not obsessed with studying them. Eratosthenes of Cyrene, who came later, *was* obsessed with them and developed a method of sorting prime numbers from counting numbers that still is widely used.[16]

Today we think of math as an established field of study. One perhaps with a leading edge where new ideas are explored, but a clearly defined, mature discipline. That has not always been the case and sometimes it is easy to forget that not too long ago math was a fledgling area of inquiry.

Algebra—the study of mathematical symbols and the rules governing their use—dates to the first millennium BCE. However, it was not established as a distinct course of instruction until 820 CE, when Muḥammad ibn Mūsā al-Khwārizmī wrote *The Compendious Book on Calculation by Completion and Balancing*, which codified algebra as a subject.

Calculus—originally the calculus of the infinitesimals—was

developed in the seventeenth century by Isaac Newton and Gottfried Wilhelm Leibniz for the study and quantification of continuous change. Analysis—the study of the limitations and boundaries of change—developed from calculus.[17]

Concepts from each of these areas of mathematics have been refined and applied in increasingly complex ways to quantum mechanics, information theory, and a host of sophisticated and complex technological endeavors. Almost all of it, however, was developed in the last five hundred years.

Many of these concepts, techniques, and broader areas of inquiry grew from need. An engineering or design problem to solve. Phenomena from scientific study requiring an explanation. However, some ideas and expressions in math came from nothing more than intellectual curiosity about anomalies, paradoxes, and interesting quirks that came to light as the understanding of mathematics developed.

Many of these questions, paradoxes, and challenges involved geometric shapes. The challenge of squaring a circle, for instance—whether one could construct a square with an area exactly fitting that of a specified circle, using only a straight edge and compass.[18] Trisecting an angle is another. And doubling a cube. These and many other problems remain unsolved even today.

Added to those problems are the many conjectures—propositions thought to be true but not yet formally proved (or disproved)—that have arisen since. These include Goldbach's Conjecture (1742), Oppermann's Conjecture (1877), the Poincaré Conjecture (1904)[19], and the Collatz Conjecture (1937), to name a few.

Another of those lingering problems is the challenge of finding a finite value for an infinite series—like the one noted earlier of determining the sum of the infinite many fractions that lie between 1 and 2. First known as the *Paradox of Achilles and the Tortoise*, the argument was supposedly proposed by Zeno of Elea (490–430 BCE) in an attempt to prove the illusory nature of motion and change. Today, it survives as the study of infinite series. Or to be more accurate, the study of finding finite values for an infinite series. Most mathematicians engaged in the study of prime numbers today are Zeno's direct heirs.

In 1650, the Italian mathematician Pietro Mengoli posed a version of Zeno's paradox when he challenged mathematicians to provide the precise sum for the reciprocal squares of the natural numbers. The challenge became known as the Basel Problem.

The natural numbers form an infinite series, as do their reciprocals and their reciprocal squares. Mengoli's problem seemed an impossible question to answer—drawing a definite conclusion from a never-ending progression. Nevertheless, the challenge was offered and many attempted to answer it. None succeeded until 1735, when Leonard Euler offered a solution.[20]

In the form of an equation, Mengoli's problem looks like this:

$$\sum_{n=1}^{\infty} \frac{1}{n^2} = \frac{1}{1^2} + \frac{1}{2^2} + \frac{1}{3^2} + \cdots$$

That squiggly line at the beginning is the capital form of the Greek letter sigma and is a symbol that means "sum." The smaller symbols on top and bottom of the sigma give the range of the sum. In this case, from n+1 to infinity.

The equation does, indeed, describe an infinite series. However, as the denominator of the fraction becomes larger and larger—following the progression of the counting numbers—each fractional amount becomes smaller and smaller ($1/1$ is 1, but $1/2$ is only half as large and $1/3$ is smaller still). The farther the series extends, the smaller each portion becomes. The sum moves closer and closer to the next whole number, the point at which the series would be said to converge, but the sequence never quite reaches that end.

From a layman's perspective, this is a version of the question, "If you start across the room but travel only halfway, and then half the remaining distance each time after that, will you ever reach the opposite side?" In that instance, the answer is *no*. Each move takes you closer but—being only half the remaining distance—no next step takes you all the way there. Though you eventually get "close enough" for most purposes, mathematicians are not satisfied with that result and it didn't satisfy the challenge of the Basel Problem, which called for a definite answer.

Euler persisted in finding an exact value and eventually concluded the answer was $\pi^2/6$. He reached this conclusion by regarding the original equation as the left side of a polynomial, that he transformed into a Taylor series, from which he derived the roots, into a power series, and used the coefficients to produce the answer.[21]

Euler's answer required several generalizations and a few assumptions that weren't proven until later. And the solution he provided was an answer to a math riddle within the confines of the rules of mathematics—he gave the sum of the parts, not the sum of the whole. But the result was as clever as it sounds, and people of the day were amazed. Mathematicians still are today. Announcement of the result made Euler immediately famous.

IMPLICATIONS OF EULER'S SOLUTION

As is often the case, the solution to this opens the door to that. Euler's solution for the Basel Problem provided a solution not only to series for n^2 but for every similar series involving even numbers. For the same series with odd numbers, Euler had no answer. And there still is no solution that provides an exact result for every odd number. But after Euler, people began to search for one.

Euler died in 1783, and while his genius is doubted by no one, the proofs he offered lacked the kind of tight logic expected of later mathematicians. The tightening of his analysis was left to those who followed. Among them was Adrien-Marie Legendre (1752–1833), whom I mentioned earlier. He continued the study of infinite series and, in the process, developed the law of quadratic reciprocity, the prime number theorem, and several key transformations important to the development of mathematics.

A contemporary of Legendre was Carl Friedrich Gauss (1777–1855). Gauss flourished as a mathematician at a young age and before the age of nineteen was attracted to the study of binomial equations and infinite series. Known as a rigorist, he insisted on strict proofs of concepts commonly used in mathematical analysis. He proved Legendre's conjecture of quadratic reciprocity (now the law of quadratic reciprocity), invented the notion of congruence, and the accompanying concept of quadratic residues. His work defined mathematic analysis for succeeding generations.

At the same time, Lejeune Dirichlet (1805–1859) emerged as a mathematician of note, though not as well-known as Gauss. Dirichlet was educated in Paris and learned from many of the era's greatest mathematicians, including Fourier, Laplace, Legendre, and Poisson. He made significant advances in the study of number theory, particularly regarding arithmetic progressions, and introduced the modern concept of functions.

In 1827, Dirichlet became a professor at the University of Breslau in Germany. He continued his work regarding series and later taught in Berlin. One of his pupils in Berlin was Bernhard Riemann.

Riemann (1826–1866) began his education with the aim of following his father into the ministry. While still a teenager, he was attracted to prime numbers after a tutor suggested he read *Theory of Numbers* by Legendre. Riemann read it in six days and moved on to devour the works of Euler and Gauss. Not long after that, he switched from studying theology to the study of math.[22] At the University of Gottingen and later at Berlin, Riemann was instructed by Dirichlet and Gauss, among others. Gauss served as Riemann's dissertation advisor.

Gauss died in 1855, and Dirichlet was named to replace him at the university. Four years later, Dirichlet died and Riemann was named to fill the faculty vacancy. A short time later, Riemann was named to membership in the Berlin Academy. To celebrate his Academy membership, Riemann presented a paper entitled *The Number of Primes Less Than A Given Quantity*.[23]

As mentioned earlier, the Basel Problem related to the inverse squares of the counting numbers but addressed only instances involving the use of whole numbers. Euler's solution provided a means for calculating the total for any even whole number. The question remained about odd numbers. Mathematicians who followed Euler attempted to find a solution for odd numbers, but none concerned themselves with any numbers other than whole numbers.

In 1859, Riemann turned his attention to the task of extending Euler's Basel solution to include complex numbers—numbers written in the form of an equation that includes a real and an imaginary component. To do this, he developed the familiar infinite series equation into a function he labeled the zeta function that included complex numbers. When substituting values for the complex variables, he found that using negative even numbers produced an answer of 0. This appeared to be an obvious result and he referred to those as trivial zeros.[24]

However, when the real part of the complex number was one-half, the substitution of values that made the equation equal to zero gave a curious result. When plotted on a graph, those zero-producing-values fell along a vertical axis in a manner that appeared to reflect the asymptotic distribution of prime numbers. Based on that, Riemann hypothesized that perhaps those values could be used to accurately predict the approximate number of primes appearing at less than a stated value. This collection of ideas became known as the *Riemann Hypothesis*.

Riemann's hypothesis consists of three suppositions. First, that all negative even integers produce a value of 0 for the zeta function. Second, that the values producing 0 when the real part of the complex number is one-half all align themselves on a vertical axis that intersects the one-half position on the number line. And third, that the arrangement of those numbers at one-half relates in a causal manner to the formation of prime numbers. As of the present, none of these suppositions has been proved mathematically correct, though the first supposition is assumed to be obvious.

The hypothesis was attractive, and remains so today, for several reasons. By Riemann's time, the frustrating nature of prime numbers was well-known, as was the illusion of ever counting all of them, given their infinite nature. Counting the number of primes occurring at less than a stated value was all anyone could hope for.

Some thought Riemann's work might lend valuable insight to that effort and, in the process, lead to some new discovery that might offer a breakthrough to a more thorough understanding.

Others saw in the hypothesis the possibility of obtaining greater accuracy from existing predictions regarding the number of primes. Already, Legendre and others had proposed that the total number of primes less than a stated value could be approximated by dividing that stated value by its natural logarithm: $x/logx$. That function, however, was especially inaccurate for values of x below 10^{10}. Riemann's manipulation of Euler's idea—Riemann's zeta function—was thought to offer a means of improving on that.

Study of the zeta function has continued to attract the attention of many, and their work has led to a better understanding of the function, but the function itself does not purport to provide a count of primes, nor even an estimate. It merely produces an array of numbers whose distribution seems to mirror that of the prime numbers. Moreover, proving that Riemann's hypothesis is correct—that all of the non-trivial zeros for his zeta function appear on a vertical line at real part one-half—does not answer the question of how prime numbers are generated, or define the mechanism that controls their distribution, though many hope it leads in that direction.[25]

Attempting to prove Riemann's hypothesis, and to establish a causal relationship between the zero values for Riemann's zeta function and the distribution of prime numbers, has taken mathematicians into skills, techniques, and ideas at the most sophisticated levels of mathematical analysis. However, it has brought them no closer to a breakthrough regarding the understanding of prime numbers.

To the contrary, work with primes in the context of the broader range of numbers raises the question of whether applying the zeta function to a given array—complex or otherwise—merely translates that array from one form to a new form, preserving in the second the characteristics of the first but accomplishing nothing more.[26]

Mathematicians long have sought an equation that would produce the next prime, without knowing the identity of that prime beforehand. Or an explanation for how primes are formed and what happens to them as number propagation approaches infinity. Or a means of calculating the exact number of primes below a certain value. Those questions remain unanswered as does the question of whether proving Riemann's hypothesis would take us any closer to finding one.[27] This is why some have continued to search for other solutions to the questions posed by the prime numbers.

3

A DIFFERENT APPROACH

From time-to-time intellectuals and polymaths, usually not trained mathematicians, suggest an alternative method for calculating the total number of primes less than a stated value. Their ideas include various proposals, the most convincing of which works like this:

> Suppose we want to know the total number of primes between 0 and 1000. We already know that half of the numbers included in that group are even, and therefore cannot be prime, which means the total number of primes appearing on the number line at points less than 1000 cannot exceed 500. We can eliminate the even numbers by division (1000÷2=500), leaving only the odd numbers.

> Next, calculate the total number of odd composites appearing between the suggested reference points—odd composites are odd numbers, but they are not primes. Subtracting the odd composites from the 500 odd numbers leaves the total number of primes within the given range.

It sounds simple. It sounds easy. And of course, it is neither. However, the notion of calculating and understanding non-prime odd numbers has advantages over working only with the primes. Among those advantages is the fact that non-prime odd numbers (odd composites) form distinct series that recur in a clearly discernible manner. And, if we label the counting numbers as prime, non-prime, and even, the non-prime odd numbers fall into obvious sets that also follow predictable patterns. This makes non-prime odd composites far more manageable than their cousins, the primes.

THE EMERGENCE OF NON-PRIME ODD NUMBERS

As noted previously, the process of generating numbers by adding 1 to the current number means numbers along the number line gradually increase in value. This increase in value moves the resulting numbers toward greater and greater complexity. Both even and odd numbers become increasingly factorable by more and/or larger numbers. Prime numbers are folded into that transformational process as the population of numbers is slowly changed into one increasingly filled with composite numbers, pushing the prime number farther and farther apart. This can be seen by examining how many times the prime and non-prime odds occur per hundred.

From 0 to 100, there are 50 odd numbers, divided evenly with 25 prime numbers and 25 non-prime odd composites. That ratio holds through the second hundred numbers, too, but after that the balance gradually shifts. Slowly at first, and not altogether consistently, the number of primes decrease while the number of non-prime odd composites increase.

PRIME (P) VS NON-PRIME (NP) ODD COMPOSITES
Per hundred

	P	NP
0-99	25	25
100-199	21	29
200-299	16	34
300-399	16	34
400-499	17	33
500-599	14	36
600-699	16	34
700-799	14	36
800-899	15	35
900-999	14	36
1000-1099	16	34
1100-1199	12	38
1200-1299	15	35
1300-1399	11	39
1400-1499	17	33
1500-1599	12	38
1600-1699	15	35
1700-1799	12	38
1800-1899	12	38
1900-1999	13	37
2000-2099	14	36
2100-2199	10	40
2200-2299	15	35
2300-2399	15	35
2400-2499	10	40

ODD MULTIPLES AS SERIES AND SETS

Beginning from 1, numbers on the number line gradually grow until they become multiples of smaller numbers. Multiples of numbers also can be created, separate and apart from the number line process, simply by multiplication.

As a product of multiplication, even numbers form only even multiples. It makes no difference whether you multiply even times even, or even times odd—2×4, 4×6, 5×4, 7×6—if either the multiplicand or the multiplier is even, the answer will be even.

Odd numbers, multiplied only by odd numbers, form only odd multiples. Choosing an odd number as the defining term of a set and multiplying it, in turn, by every other odd number creates a set of multiples designated as the odd multiples of the defining term (n×3, n×5, n×7... where n=any odd number; creates the set "*Odd Multiples of n*"). We can do this for each prime number such that we create sets known as the *Odd Multiples of 3*, the *Odd Multiples of 5*, the *Odd Multiples of 7*, and so on. It works like this:

The first odd number greater than 1 is 3. It is the defining term for a set comprised of the *Odd Multiples of 3*. Elements of the set are created by multiplying 3 by each of the succeeding odd numbers, such that 3×3=9, 3×5=15, 3×7=21.... This produces the series of 9, 15, 21, 27.... All members of this set are multiples of 3. All are odd composites. And, therefore, all are non-prime odd numbers.

Every odd composite number in the *Odd Multiples of 3* set has 3 as its smallest factor. All composites in the set appear along the number line at intervals of 6 beginning from 3. Forever, to the end of time, into infinity, as far as we can count, every sixth positive whole number beginning from 3 is, and will be, an odd composite multiple of 3.

Multiples of 3 are very predictable. Calculating the total number that might appear between any two given numbers is an easy task. But if we wanted to count *all* of the odd composites between those two points, we would need to consider the other odd composites that also occur in that same range, odd composites having different smallest factors.

The next odd number after 3 is 5. Elements of the *Odd Multiples of 5* set are created by multiplying 5, in turn, by each odd number such that 5×3=15,5×5=25,5×7=35 .... This produces the series of 15, 25, 35, 45... which forms the *Odd Multiples of 5* set. All members of this set are multiples of 5. All are odd composites. And all are, therefore, non-prime odd numbers.

Every odd composite in the *Odd Multiples of 5* set has 5 as a factor. All composites in the set appear along the number line at intervals of 10 beginning from 5. Forever, into infinity, every tenth number beginning from 5 is an odd composite multiple of 5. But there's a twist.

Although every odd multiple of 5 has 5 as a factor, 5 is not necessarily the smallest factor for all of those multiples. Some multiples of 5 have 3 as their smallest factor. For instance, 15, 45, and 75 are multiples of 5, but their smallest factor is 3.

Using the idea outlined earlier—of subtracting the even numbers and the odd composite numbers from the counting numbers as a way of eliminating all but the prime numbers—we could calculate the multiples of 3 falling between any two numbers, then calculate the multiples of 5, subtract them, and work our way through all of the multiples between the two points of our range, and there you go—nothing but primes would remain. Or so it might appear.

However, with some multiples of 5 having 3 as a factor, we would have counted them when we calculated the multiples of 3. Counting them again with the multiples of 5 will lead to error. An error compounded by repeating the same process with other multiples in the range we were examining. But here's an interesting thing about the multiples—

The set of *Odd Multiples of 5* begins with 15 and continues as 15, 25, 35, 45, 55, 65, 75, 85…. The first member of that set is 15, which has 3 as its smallest factor, and every third member after it does, too—15, 25, 35, 45, 55, 65, 75…. This holds true for every set of odd multiples created in this manner—the first member of each set is a multiple of the defining term *and* a multiple of 3. And *every third number in the set after that is a multiple of 3, also.*

So, to summarize, each odd number generates a set of multiples. Each set includes members that share factors with other odd numbers. The first odd multiple of the defining term, no matter the value, has 3 as its smallest factor. And, beginning from the initial member of the set, every third number thereafter, regardless of its value, is an odd multiple of 3.

ODD SQUARE INFLECTION POINTS

As noted previously, the odd multiples of 5 begin with 15, 25, 35, 45, 55.... Of those first few numbers, twenty-five is an odd composite, a multiple of 5, and the square of 5. Every odd multiple of 5 that is less than 25 has 3 as its smallest factor. There's only one such number—15—but its smallest factor is 3. A similar result occurs with the other odd multiple sets.

For 7, the first few odd multiples are 21, 35, 49, 63.... Forty-nine is the square of 7. Every odd multiple of 7 that is less than 49 has either 3 or 5 as its smallest factor.

A similar situation holds for 11. Its odd multiples begin with 33, 55, 77, 99, 121, 143.... The square of 11 is 121. Every odd multiple of 11 that is less than 121 has either 3, 5, or 7 as its smallest factor.

This pattern continues all the way down the number line. Every prime number increases in value. Eventually, we reach a number that is the square of a prime. Every multiple of the prime that is less than the value of its square has a smaller prime number as its smallest factor. Stated another way, the root of an odd square appears as a smallest factor only for that square and odd multiples greater than that square.

For instance, five becomes a smallest factor only for numbers 25 and higher. Some, not all. But it is never the smallest factor for any number less than 25. Seven is the smallest factor for some numbers 49 and higher, but never for any number less than 49.

ODD COMPOSITE INTERVALS

Odd composites appear along the number line at an interval equal to twice the value of the defining term. For instance, odd multiples of 3 appear at an interval of 6 (every sixth number after 3). Odd multiples of 5 appear at an interval of 10 (every tenth number after 5). Odd multiples of 7 appear at an interval of 14. And so on down the number line, according to the cardinal value.[28]

ODD SQUARE INTERVALS

Odd squares appear at an interval that begins with 8, the distance between 1 and 9, which is the distance from 1 to the square of 3. From there, the interval increases at a rate of 8 spaces per square number, cumulatively. The gap between 1 and 9 is 8. The gap between 9 and 25 is 16, which is 2 times the first gap. Between 25 and 49 (the square of 7) the gap is 24, which is 3 times the first gap. Between 49 and 81 the gap is 32 and continuing, with a gap between 361 and 441 of 80 spaces, which is ten times larger than the first gap.

Based on these observations, we can say that the interval between odd composites is constant at twice the value of the defining term, while the odd square interval grows from one to the next. The simultaneous presence of arithmetic and geometric growth gives the odd composites a dynamic nature not present in the even numbers.

Each odd square marks a change in the factoring dynamic for the odd multiples that follow it, making the squares inflection points. The odd square inflection points for prime numbers 3 through 19 are shown below:

3 squares at 9   (3^2)   with an odd composite interval of 6

5 squares at 25   (5^2)   with an odd composite interval of 10

7 squares at 49   (7^2)   with an odd composite interval of 14

11 squares at 121   (11^2) with an odd composite interval of 22

13 squares at 169   (13^2) with an odd composite interval of 26

17 squares at 289   (17^2) with an odd composite interval of 34

19 squares at 361   (19^2) with an odd composite interval of 38

INTERVAL DYNAMICS

As noted above and previously, odd multiples of 3 appear at intervals of 6. The interval for multiples of 5 is 10. Multiples of 7 have an interval of 14. And so on through the odd numbers.

In this way, new odd composite sequences are introduced to those already occurring on the number line. Factors for these new sequences are accounted for by the factors of preexisting sequences until the values of the new composites reach the square of their defining term. At that point, the odd composites with new factors become disruptive of the sequences already established.

For instance, with only odd multiples of 3 to consider, the sequence of odd multiples is:

9   15   21   27   33   39   45

The odd composite interval for this sequence is:

6   6   6   6   6   6   6

But if we add the odd multiples of 5, the sequence becomes:

9   15   21   25   27   33   35   39   45

And the interval changes to:

6   6   4   2   6   2   4   6

This augmentation of the sequence intensifies as new sets of odd multiples are encountered, introducing new composites with new factors having their own intervals. These differing intervals continue to further transform the interval rhythm as the numbers on the number line increase in value.

4

PATTERNS AND SEQUENCES

All positive whole counting numbers may be characterized as one of three types: prime, non-prime odd, or even. They are designated here as P for prime, N for non-prime odd, and E for even.

Beginning from 9 (the first odd composite), all numbers (even and odd) appear in one of four sequences that repeat for the full extent of the number line from 9 to as far as we wish to count. Each of these sequences contains six numbers.

Using the designations P, N, and E, the four sequences are:

Sequence 1   N–E–P–E–P–E
Sequence 2   N–E–N–E–P–E
Sequence 3   N–E–P–E–N–E
Sequence 4   N–E–N–E–N–E

These sequences read as:

Sequence 1   Non-Prime, Even, Prime, Even, Prime, Even
Sequence 2   Non-Prime, Even, Non-Prime, Even, Prime, Even
Sequence 3   Non-Prime, Even, Prime, Even, Non-Prime, Even
Sequence 4   Non-Prime, Even, Non-Prime, Even, Non-Prime, Even

A table of these sequences for whole values 9 through 10,000 can be found in the appendix. The first few sequences look like this:

N	E	P	E	P	E
9	10	11	12	13	14

N	E	P	E	P	E
15	16	17	18	19	20

N	E	P	E	N	E
21	22	23	24	25	26

N	E	P	E	P	E
27	28	29	30	31	32

N	E	N	E	P	E
33	34	35	36	37	38

N	E	P	E	P	E
39	40	41	42	43	44

N	E	P	E	N	E
45	46	47	48	49	50

N	E	P	E	N	E
51	52	53	54	55	56

N	E	P	E	P	E
57	58	59	60	61	62

N	E	N	E	P	E
63	64	65	66	67	68

N	E	P	E	P	E
69	70	71	72	73	74

N	E	N	E	P	E
75	76	77	78	79	80

N	E	P	E	N	E
81	82	83	84	85	86

N	E	P	E	N	E
87	88	89	90	91	92

N	E	N	E	P	E
93	94	95	96	97	98

N	E	P	E	P	E
99	100	101	102	103	104

N	E	P	E	P	E
105	106	107	108	109	110

N	E	P	E	N	E
111	112	113	114	115	116

N	E	N	E	N	E
117	118	119	120	121	122

FREQUENCY OF THE SIX-NUMBER SEQUENCES

Sequence 1 is the sequence with the most prime numbers. It occurs 6 times from 0 to 99, and 7 times from 100 to 199. After that, it decreases in frequency.

Sequence 4 has no primes, which means it is the sequence with the most non-prime odd composites. This sequence does not occur at all from 0 to 99, which reflects the predominance of primes in the first two hundred numbers. It appears for the first time in the series 117 to 122 and increases in frequency thereafter.

So, the sequence that contains the most non-prime odd composites increases in frequency, while the sequence that is heaviest with primes decreases in frequency. This seems obvious and the actual counts bear it out, though the increases and corresponding decreases are by no means smooth. The frequency of occurrence for these two sequences through 2499 is as follows:

	SEQUENCE 4 Sequence with fewest Primes	SEQUENCE 1 Sequence with most Primes
0–99	0	6
100–199	3	7
200–299	4	4
300–399	3	2
400–499	3	3
500–599	5	2
600–699	4	4
700–799	4	0
800–899	6	5
900–999	3	0
1000–1099	6	5
1100–1199	5	1
1200–1299	5	3
1300–1399	8	2
1400–1499	4	4
1500–1599	4	0
1600–1699	6	3
1700–1799	6	1
1800–1899	7	2
1900–1999	7	3
2000–2099	6	4
2100–2199	8	1
2200–2299	4	2
2300–2399	5	3
2400–2499	6	0

POSITIONS IN THE SIX-NUMBER SEQUENCES

As noted above, each sequence contains six numbers, which means each sequence has six positions. Those positions can be numbered as:

1   2   3   4   5   6

Conveniently enough, positions 1, 3, and 5 are always occupied by odd numbers. Positions 2, 4, and 6 are always held by even numbers. Position 1 is always a non-prime odd composite. Positions 3 and 5 are always odd but alternate between prime and non-prime odd composite.

Position 1	Always N
Position 2	Always E
Position 3	Sometimes P, Sometimes N
Position 4	Always E
Position 5	Sometimes P, Sometimes N
Position 6	Always E

N	E	N/P	E	N/P	E
1	2	3	4	5	6

Much of this will be recognized as a variation of the odd–even sequence for counting numbers as they appear on the number line. That familiar odd-even pattern and this six-number variation provide the organizing principles for all whole positive counting numbers, but they are only two of the patterns that occur with counting numbers—and they are the simplest.

Behind the odd-even and six-number patterns are the odd composite sets (*Odd Multiples of 3, Odd Multiples of 5…*) described in the previous chapter. Within those sets are three-number subsets formed from the way odd composites fit with the other numbers. These are patterns within patterns in an arrangement shown in the next chapter.

$$5$$

PATTERNS WITHIN PATTERNS

All positive whole counting numbers greater than 9 appear in one of the four sequences described in the previous chapter. Within those four sequences, each number appears in specific locations based on number type—prime, non-prime composite, or even.

Position 1 is always a non-prime odd number because it is always a multiple of 3. Beginning from 9, no matter which of the four sequence types may occur, the first number in the sequence is always a multiple of 3. No matter the value, the number appearing in Position 1 of either of the four sequences always has 3 as its smallest factor. Positions 2, 4, and 6 are always even numbers. They are always divisible by 2, making 2 their smallest factor.

SUBSETS

Earlier in our discussion, we mentioned that the current numerical system is arranged in groups of ten. We also mentioned that numbers can be further differentiated by their lowest factor and on that basis, they can be arranged in sets which we labeled *Odd Multiples of 3, Odd Multiples of 5, Odd Multiples of 7* ....

In the previous chapter, we noted that in dealing with questions regarding the distribution of primes and non-prime odd composites, numbers appear along the number line in sequences of six. And, although ten is the basic grouping for computation, six is the grouping that arises from the numbers themselves based on their type as either prime, non-prime odd composite, or even. These sequences appear in four types and begin from 9.

Sets of the various odd multiples (*Odd Multiples of 3, Odd Multiples of 5...*) are infinite sets in that they expand in membership with the counting numbers as we move along the number line. As more counting numbers appear, more multiples are added to the sets.

Within these sets of odd multiples, the multiples (other than multiples of 3 and multiples of composites) can be further grouped in subsets comprised of three members each. These odd multiples subsets cycle through the six-number sequences, one subset at a time, in numeric order, with each number appearing in a specific location within the sequence.

ODD MULTIPLES SETS AND THE SIX-NUMBER SEQUENCES

Arranged together in the manner noted above, the first few odd multiples sets and subsets of 3, 5, 7, 9, 11, 13, 15, 17, 19 appear as follows with the three-number subsets indicated in bold.

Multiples of 3: *Odd Multiples of 3* begin with 9 in Position 1 and continue in Position 1 for every row in the chart. They define the order of the counting numbers when arranged with regard to the non-prime odd numbers.

N	E	P	E	P	E
9	10	11	12	13	14

N	E	P	E	P	E
15	16	17	18	19	20

N	E	P	E	N	E
21	22	23	24	25	26

N	E	P	E	P	E
27	28	29	30	31	32
N	E	N	E	P	E
33	34	35	36	37	38
N	E	P	E	P	E
39	40	41	42	43	44
N	E	P	E	N	E
45	46	47	48	49	50

Multiples of 5: *Odd Multiples of 5* begin with 15 in Position 1, skip one row to 25 in Position 5, skip another row to 35 in Position 3, then skip a row to 45 back in Position 1. They follow a position cycle of 1, 5, 3, 1, a cycle they share with multiples of 11 and 17.

Odd Multiples of 5 share divisibility by 3 for every third multiple. That is, every third multiple after 15 appears in Position 1, where 3 is always the smallest factor.

N	E	P	E	P	E
9	10	11	12	13	14
N	E	P	E	P	E
15	16	17	18	19	20
N	E	P	E	N	E
21	22	23	24	**25**	26
N	E	P	E	P	E
27	28	29	30	31	32
N	E	N	E	P	E
33	34	**35**	36	37	38
N	E	P	E	P	E

39	40	41	42	43	44
N	E	P	E	N	E
45	46	47	48	49	50
N	E	P	E	N	E
51	52	53	54	**55**	56
N	E	P	E	P	E
57	58	59	60	61	62
N	E	N	E	P	E
63	64	**65**	66	67	68
N	E	P	E	P	E
69	70	71	72	73	74
N	E	N	E	P	E
75	76	77	78	79	80

Multiples of 7: *Odd Multiples of 7* begin with 21 in Position 1, skip one row to 35 in Position 3, skip one row to 49 in Position 5, then skip two rows to 63 back in Position 1. They follow a position cycle of 1, 3, 5, 1, the same position cycle as multiples of 13 and 19—proceeding logically to the right through the odd number positions in the underlying series before returning to Position 1 to start over. They skip one row between each position change except when moving from position 5 back to position 1 when they always skip two rows.

N	E	P	E	P	E
9	10	11	12	13	14
N	E	P	E	P	E
15	16	17	18	19	20

N	E	P	E	N	E
21	22	23	24	25	26

N	E	P	E	P	E
27	28	29	30	31	32

N	E	N	E	P	E
33	34	**35**	36	37	38

N	E	P	E	P	E
39	40	41	42	43	44

N	E	P	E	N	E
45	46	47	48	**49**	50

N	E	P	E	N	E
51	52	53	54	55	56

N	E	P	E	P	E
57	58	59	60	61	62

N	E	N	E	P	E
63	64	65	66	67	68

N	E	P	E	P	E
69	70	71	72	73	74

N	E	N	E	P	E
75	76	**77**	78	79	80

N	E	P	E	N	E
81	82	83	84	85	86

N	E	P	E	N	E
87	88	89	90	**91**	92

N	E	N	E	P	E
93	94	95	96	97	98

N	E	P	E	P	E
99	100	101	102	103	104

N	E	P	E	P	E
105	106	107	108	109	110

N	E	P	E	N	E
111	112	113	114	115	116

Multiples of 9: *Odd Multiples of 9* are actually multiples of 3. I include them here to show this and to demonstrate why, though all odd multiples eventually become multiples of multiples, they already are accounted for with the *Odd Multiples of 3* in Position 1, specifically occupying every third spot in that position.

N	E	P	E	P	E
9	10	11	12	13	14

N	E	P	E	P	E
15	16	17	18	19	20

N	E	P	E	N	E
21	22	23	24	25	26

N	E	P	E	P	E
27	28	29	30	31	32

N	E	N	E	P	E
33	34	35	36	37	38

N	E	P	E	P	E
39	40	41	42	43	44

N	E	P	E	N	E
45	46	47	48	49	50

N	E	P	E	N	E
51	52	53	54	55	56

N	E	P	E	P	E
57	58	59	60	61	62

N	E	N	E	P	E
63	64	65	66	67	68

N	E	P	E	P	E
69	70	71	72	73	74

N	E	N	E	P	E
75	76	77	78	79	80

N	E	P	E	N	E
81	82	83	84	85	86

Multiples of 11: *Odd Multiples of 11* begin with 33 in Position 1, skip two rows to 55 in Position 5, skip three rows to 77 in Position 3, skip three rows to 99 in Position 1. This pattern repeats throughout. They follow a 1, 5, 3, 1 position cycle, which they share with 5 and 17.

N	E	P	E	P	E
9	10	11	12	13	14

N	E	P	E	P	E
15	16	17	18	19	20

N	E	P	E	N	E
21	22	23	24	25	26

N	E	P	E	P	E
27	28	29	30	31	32

N	E	N	E	P	E
33	34	35	36	37	38

N	E	P	E	P	E
39	40	41	42	43	44

N	E	P	E	N	E
45	46	47	48	49	50

N	E	P	E	N	E
51	52	53	54	**55**	56

N	E	P	E	P	E
57	58	59	60	61	62

N	E	N	E	P	E
63	64	65	66	67	68

N	E	P	E	P	E
69	70	71	72	73	74

N	E	N	E	P	E
75	76	**77**	78	79	80

N	E	P	E	N	E
81	82	83	84	85	86

N	E	P	E	N	E
87	88	89	90	91	92

N	E	N	E	P	E
93	94	95	96	97	98

N	E	P	E	P	E
99	100	101	102	103	104

N	E	P	E	P	E
105	106	107	108	109	110

N	E	P	E	N	E
111	112	113	114	115	116

N	E	N	E	N	E
117	118	119	120	**121**	122

Multiples of 13: *Odd Multiples of 13* begin with 39 in Position 1, then skip three rows to 65 in Position 3, skip three rows to 91 in Position 5, then skip four rows to 117 in Position 1, and repeat throughout. They follow a position cycle of 1, 3, 5, 1, which is the same position cycle as multiples of 7 and 19.

N	E	P	E	P	E
9	10	11	12	13	14

N	E	P	E	P	E
15	16	17	18	19	20

N	E	P	E	N	E
21	22	23	24	25	26

N	E	P	E	P	E
27	28	29	30	31	32

N	E	N	E	P	E
33	34	35	36	37	38

N	E	P	E	P	E
39	40	41	42	43	44

N	E	P	E	N	E
45	46	47	48	49	50

N	E	P	E	N	E
51	52	53	54	55	56

N	E	P	E	P	E
57	58	59	60	61	62

N	E	N	E	P	E
63	64	**65**	66	67	68

N	E	P	E	P	E
69	70	71	72	73	74

N	E	N	E	P	E
75	76	77	78	79	80

N	E	P	E	N	E
81	82	83	84	85	86

N	E	P	E	N	E
87	88	89	90	**91**	92

N	E	N	E	P	E
93	94	95	96	97	98

N	E	P	E	P	E
99	100	101	102	103	104

N	E	P	E	P	E
105	106	107	108	109	110

N	E	P	E	N	E
111	112	113	114	115	116

N	E	N	E	N	E
117	118	119	120	121	122

Multiples of 15: *Odd Multiples of 15* begin with 45 in Position 1, then skip four rows to 75 in Position 1. They repeat this pattern throughout, skipping four rows between each multiple. All multiples of 15 are also multiples of 3. They appear in Position 1 of every series, always four rows apart.

N	E	P	E	P	E
9	10	11	12	13	14

N	E	P	E	P	E
15	16	17	18	19	20

N	E	P	E	N	E
21	22	23	24	25	26

N	E	P	E	P	E
27	28	29	30	31	32

N	E	N	E	P	E
33	34	35	36	37	38

N	E	P	E	P	E
39	40	41	42	43	44

N	E	P	E	N	E
45	46	47	48	49	50

N	E	P	E	N	E
51	52	53	54	55	56

N	E	P	E	P	E
57	58	59	60	61	62

N	E	N	E	P	E
63	64	65	66	67	68

N	E	P	E	P	E
69	70	71	72	73	74

N	E	N	E	P	E
75	76	77	78	79	80

N	E	P	E	N	E
81	82	83	84	85	86

N	E	P	E	N	E
87	88	89	90	91	92

N	E	N	E	P	E
93	94	95	96	97	98

N	E	P	E	P	E
99	100	101	102	103	104

N	E	P	E	P	E
105	106	107	108	109	110

N	E	P	E	N	E
111	112	113	114	115	116

Multiples of 17: *Odd Multiples of 17* begin with 51 in Position 1, then skip four rows to 85 in Position 5, skip five rows to 119 in Position 3, then skip five rows to 153 in Position 1, and repeat throughout. They follow a 1, 5, 3, 1 position cycle, as do multiples of 5 and 11.

N	E	P	E	P	E
9	10	11	12	13	14

N	E	P	E	P	E
15	16	17	18	19	20

N	E	P	E	N	E
21	22	23	24	25	26

N	E	P	E	P	E
27	28	29	30	31	32

N	E	N	E	P	E
33	34	35	36	37	38

N	E	P	E	P	E
39	40	41	42	43	44

N	E	P	E	N	E
45	46	47	48	49	50

N	E	P	E	N	E
51	52	53	54	55	56

N	E	P	E	P	E
57	58	59	60	61	62

N	E	N	E	P	E
63	64	65	66	67	68

N	E	P	E	P	E
69	70	71	72	73	74

N	E	N	E	P	E
75	76	77	78	79	80

N	E	P	E	N	E
81	82	83	84	**85**	86

N	E	P	E	N	E
87	88	89	90	91	92

N	E	N	E	P	E
93	94	95	96	97	98

N	E	P	E	P	E
99	100	101	102	103	104

N	E	P	E	P	E
105	106	107	108	109	110

N	E	P	E	N	E
111	112	113	114	115	116

N	E	N	E	N	E
117	118	**119**	120	121	122

N	E	N	E	P	E
123	124	125	126	127	128

N	E	P	E	N	E
129	130	131	132	133	134

N	E	P	E	P	E
135	136	137	138	139	140

N	E	N	E	N	E
141	142	143	144	145	146

N	E	P	E	P	E
147	148	149	150	151	152

N	E	N	E	P	E
153	154	155	156	157	158

N	E	N	E	P	E
159	160	161	162	163	164

Multiples of 19: *Odd Multiples of 19* begin with 57 in Position 1, skip five rows to 95 in Position 3, skip five rows to 133 in Position 5, skip six rows to 171 in Position 1, and repeat throughout. They follow a 1, 3, 5, 1 position cycle—the same as 7 and 13.

N	E	P	E	P	E
9	10	11	12	13	14

N	E	P	E	P	E
15	16	17	18	19	20

N	E	P	E	N	E
21	22	23	24	25	26

N	E	P	E	P	E
27	28	29	30	31	32

N	E	N	E	P	E
33	34	35	36	37	38

N	E	P	E	P	E
39	40	41	42	43	44

N	E	P	E	N	E
45	46	47	48	49	50

N	E	P	E	N	E
51	52	53	54	55	56

N	E	P	E	P	E
57	58	59	60	61	62

N	E	N	E	P	E
63	64	65	66	67	68

N	E	P	E	P	E
69	70	71	72	73	74

N	E	N	E	P	E
75	76	77	78	79	80

N	E	P	E	N	E
81	82	83	84	85	86

N	E	P	E	N	E
87	88	89	90	91	92

N	E	N	E	P	E
93	94	**95**	96	97	98

N	E	P	E	P	E
99	100	101	102	103	104

N	E	P	E	P	E
105	106	107	108	109	110

N	E	P	E	N	E
111	112	113	114	115	116

N	E	N	E	N	E
117	118	119	120	121	122

N	E	N	E	P	E
123	124	125	126	127	128

N	E	P	E	N	E
129	130	131	132	**133**	134

N	E	P	E	P	E
135	136	137	138	139	140

N	E	N	E	N	E
141	142	143	144	145	146

N	E	P	E	P	E
147	148	149	150	151	152

N	E	N	E	P	E
153	154	155	156	157	158

N	E	N	E	P	E
159	160	161	162	163	164

N	E	P	E	N	E
165	166	167	168	169	170

N	E	P	E	N	E
171	172	173	174	175	176

N	E	P	E	P	E
177	178	179	180	181	182

SEQUENCE POSITION CYCLES

The examples above show the odd multiples sets of 3 through 19 as they appear in the six-number sequence. Members of those odd sets appear in the odd-numbered positions of the sequence. As the six-number sequence repeats, members of those sets appear, in turn, in each of the odd positions.

Members of the *Odd Multiples of 3* and the *Odd Multiples of 9* sets appear only in Position 1.

Members of the *Odd Multiples of 5* cycle through five successive six-number sequences to move from Position 1, through the other odd positions, and back to Position 1 again.

Odd Multiples of 15 follow the pattern of both 3 and 5. Like the multiples of 3, they appear only in Position 1. But like the multiples of 5, they make the cycle every 5 sequences.

All other odd multiple sets require a cycle equal in length to the value of their number. Members of the *Odd Multiples of 7* make the cycle in 7 sequences. Members of the *Odd Multiples of 11* make the cycle in 11 sequences. The *Odd Multiples of 13* require 13 cycles. The *Odd Multiples of 17* take 17 sequences and the *Odd Multiples of 19* take 19.

Members of sets appearing in only one position appear only in Position 1. Those that cycle through the odd positions follow one of two progressions. Those position progressions are either 1, 5, 3, 1 or 1, 3, 5, 1.

TO RECAP

Odd Multiples of 3, 9, and *15* appear only in Position 1. Multiples of 3 and multiples of odd multiples do not cycle through the other odd positions of the six-number sequences.

Odd Multiples of 5, 11, and *17* follow a position cycle of 1, 5, 3, 1.

Odd Multiples of 7, 13, and *19* follow a position cycle of 1, 3, 5, 1.

WILL THE
ALTERNATIVE METHOD WORK?

The proposed alternative method of calculating the total number of primes occurring less than a stated value is—subtract the even numbers, then subtract the odd composite numbers, and the numbers that remain will be prime. In light of what we've learned so far, accomplishing that goal seems within reach and, in fact, it is. Let's see how it works.

USING THE METHOD

First, we must calculate the odd composite multiples less than the given value. This is possible, but it gets complicated quickly.

Suppose we choose the value of 107 and pose the question of determining the total number of odd composite multiples less than that value. If we divide that number by 3 (a cardinal value) we get an approximate total for all of the 3s (singles and multiples, evens and odds) that it contains. That number is 35.6666 (107÷3=35.6666).

Ignoring the fractional part, we next determine the largest whole odd multiple of 3 located within our range (≤107). We do this by multiplying 35 by 3. That tells us that the largest multiple of 3 less than or equal to 107 is 105. This is as close to 107 as we need because there are no 3s greater than 105 in 107. (Three more than 105 would be 108 and that number is beyond our stated range of 107).

Next, we need to determine the prime factors of 105. The non-trivial factors are 3, 5, 7, 15, 21, and 35. We can ignore 15, 21, and 35 because they are composite numbers, and their multiples are counted with the multiples of the prime factors. Ignoring them leaves 3, 5, and 7 as the prime factors of 105. We can use these factors to calculate the number of multiples equal to or less than our stated value.

As it turns out, 105 is a multiple that 3, 5, and 7 have in common, which simplifies the calculations. If they did not have this number in common, we still would follow the same process, but a few more extrapolations would be necessary.

Although 35 is the total count for the 3s that are contained in 107, that figure includes both odd and even multiples and 3 itself. In order to remove 3 and the even multiples, we begin by subtracting 3 from 105. The answer we get is 102. (105−3=102).

To get the number of odd composites of 3 that are in 102, we divide 102 by the odd composite interval for 3, which is 6 (all odd composite multiples of 3 occur 6 spaces apart). The answer to that is 17 (102÷6=17). There are 17 odd multiples of 3 that are equal to or less than 105.

Because there are no remaining multiples of three between 105 and 107, this is also the number of multiples of 3 less than 107.

We repeat the same process for 5. Begin with 105, then subtract 5. The answer is 100. (105−5=100). Divide 100 by the odd composite interval for 5, which is 10. The answer we get is 10 (100÷10=10). There are 10 odd multiples of 5 that are equal to or less than 105.

Because there are no remaining multiples of three between 105 and 107, this is also the number of multiples of 5 less than 107.

When we do this for 7 we find that there are a total of 7 multiples of 7 that are less than or equal to 107 (105−7=98;98÷14=7).

Now we have a raw count of the odd multiples that are equal to or less than 107. They are: 17 multiples of 3; 10 multiples of 5; and 7 multiples of 7.

But we aren't finished yet. There are two issues we must address.

ISSUES WITH THE RAW COUNT

The first issue is the fact that the raw count created from the process above gives us lists of multiples for 3, 5, and 7, and include numbers that are also included on one or the other of the lists. Some of our numbers share prime factors. Meaning, in some instances, we have duplicate entries. We need to eliminate the duplicates.

The second issue involves the interaction of numbers in general and composites in specific. Right now, our raw count of odd multiples is based on the factoring interval for each prime factor. In the case at hand, those intervals are 6, 10, and 14, respectively. As you will recall, numbers along the number line form six-number series. When the odd multiples interact with that six-number series, they do so in subsets of 3 members each. Those subsets cycle through the odd positions of the six-number series. We need to account for that interaction.

When odd multiples of 3, 5, and 7 are ordered from smallest to greatest, the first number in the list of their multiples and every third number after it is a multiple whose smallest factor is 3. The second number and every fifth number after it is a multiple having a smallest factor of 5. The third number and every seventh number after it is a multiple having a smallest factor of 7.

This might sound a little complex, and it is somewhat confusing. Numbers, factors, sets, series, subsets. But we'll work through it step by step.

RECONCILING THE MULTIPLE GROUP OVERCOUNT

In order to clean up the overcount between the three multiple groups noted above we can do the following.

Regarding the list for the multiples of 5, that list contains 10 multiples. We know that the first number of that group is also a multiple of 3 (always). We account for that by subtracting 1 from the raw count total for the multiples of 5. Doing that leaves us with 9 multiples.

We also know that after the first number, every third number is also a multiple of 3. Having adjusted for the first one, we now divide that adjusted total by the subset interval of 3, which is 3. We use the interval for 3 because we are trying to weed out the multiples of 3 from our count of the multiples of 5. When we divide the adjusted count by 3, we get 3 as the answer (9÷3=3). This is the remaining overcount of 3s in on our list of the multiples of 5.

So, raw count for the multiples of 5 is 10. Subtract 1 for the multiple of 3 in the first position and we subtract 3 more for the remaining multiples of 3 already counted. That leaves us with an adjusted count of 6, which is now a count that contains only numbers that are multiples of 5. The adjusted count for the multiples of 5 is 6. (10–1–3=6).

Next, we reconcile our raw count for the Multiples of 7. There are 7 multiples of 7 but this includes numbers that are multiples of 3 and 5.

To clean up the count for the multiples of 7, we follow the same procedure as we did for the 5s. We know that the first number of our raw count is a multiple of 3 (always). We account for that by subtracting 1 from the raw count for the multiples of 7. Doing that leaves us with a count of 6.

We also know that every third number is also a multiple of 3. Having adjusted for the first one, we now divide by the subset interval for 3, which is 3. Doing this will weed out the multiples of 3 in our count of the multiples of 7. The answer is 2, (6÷3=2), which is the remaining overcount regarding multiples of 3.

So, we subtract 1 to account for the first multiple of 3 in our 7s list, then subtract 2 more to account for the remaining 3s in that list. Doing that leaves us with 4. (7–1–2=4).

We now have 4 multiples of 7 remaining, but we still need to remove the duplicate 5s from it. The second number in our raw count of the 7s is a multiple of 5. The fifth number of that group is also a multiple of 5, as is every fifth number after it. We account for that first multiple of 5 by subtracting 1 and that leaves us with 3 multiples of 7. With only 3 multiples remaining, we can't divide by the interval for 5 (the subset interval) and get a whole number.

That leaves us with a corrected total of 3 for the multiples of 7.

THE RESULT

Doing the calculations above, we reach the following counts for the odd composite multiples that are less than 107:

Multiples of 3	17	
Multiples of 5	raw count of 10	adjusted to 6
Multiples of 7	raw count of 7	adjusted to 3

This leaves us with a total count for the odd multiples less than 107 of 17+6+3 which totals to 26. I know from looking at a chart that this is correct.

COMPLETING A COUNT WITH THE ALTERNATIVE METHOD

To complete our exercise, we simply work the hypothesis. Divide 107 by 2 to remove the even numbers (which gives us 53.5). Beginning from 1, odd numbers appear first so we resolve the fraction in favor of the odd numbers. That gives us 54 odds and 53 evens. Removing the evens leaves us with the 54 odd numbers. From our calculations above we know that 26 of them are odd composites. We remove them by subtraction (54–26) which leaves us with 28—exactly the number of primes occurring in the range of 1 to 107 (inclusive).

By this, we have demonstrated that it is possible to calculate the number of primes less than a stated value using our alternative method. The methodology might be cumbersome, and it might be tedious—some of you could clean that up with a few expertly drawn equations—but it will work and reach an accurate answer.

CRITIQUE

In order for this method to work, we must know the prime factors of the stated value or of the nearest composite odd number. With that information, we can gain an accurate count of all the odd multiples less than the stated value. And with that, we can determine precisely how many prime numbers exist within the given range ($\leq x$).

The method work best with an odd number as the upward range

limit (≤ *Odd Composite*). Parsing the count with an even number as the limit is difficult. And it works best of all with an odd limit that is a number common to all factors—as with 105 in the example we used in this chapter. Even with that, the calculations we have made prove that the alternative idea about counting primes by counting odd composites can be accomplished.

The alternative method for counting presupposes that the prime numbers less than the stated value are known or can be known. At first glance this might seem like a contradiction, given the ultimate goal of predicting primes without knowing their existence ahead of time. But that ultimate goal is not the goal of our alternative method. Nor is it the goal of Riemann's hypothesis. Both are attempts to count only the prime numbers occurring at less than a stated value. Neither approach is designed to predict the next prime number, but only to count the primes that exist within a given range. And that we have done, exactly and precisely. Riemann only offers an approximation.

A CONCLUDING REMARK

Prime numbers are often considered the building blocks of our number system. That is true, in a sense. But they are merely building blocks. Raw material from which others are formed.

The engine that drives the number system is its propagation mechanism. That $n_1+1=n_2$ idea we discussed in the first chapter. That mechanism for creating the next number begins by using singles to create new singles, then singles to create composites, composites to create multiples, and multiples to produce multiple multiples in a process that goes on forever. That process is complex, uneven, and sometimes confoundingly frustrating. Yet at the same time, it is elegant and mysterious.

I hope this exploration of non-prime odd numbers has provided a glimpse of that mystery and of the elegance. One that has commended the numbers to you as a subject worthy of further pursuit.

NOTES

1   This is the general rule to which 2 is an exception. More about that later.

2   If you're interested in reading more about the interaction of odd and even numbers, see, generally, Martin, Artemas, "Odd numbers and Even numbers," *The Analyst*, Vol. 2, No. 1 (Jan. 1875), pp. 20–21.

3   Barrow, Isaac, translator, *Euclid's Elements: The Whole Fifteen Books*, (1714), Book IX, Proposition XX, Franklin Classics, (2018), (p. 166)

4   Barrow, *Euclid's Elements*, Book 7, p. 126. "Unity is that, by which every thing that is is called One. A Number is a multitude composed of units."

5   Carl Friedrich Gauss was a German mathematician who lived from 1777 to 1855. He is often referred to as the greatest mathematician who ever lived. For details about his life see, Hall, Tord, *Carl Friedrich Gauss*, MIT Press (1970). For a short but thorough treatment of his life and ideas try the 1937 classic *Men of Mathematics*. See, Bell, E. T., *Men of Mathematics*, Touchstone, (1965).

6   See, Maor, Eli, E: *The Story of a Number*, Princeton University Press, (1994), p. 183ff. Maor provides a succinct statement and explanation of the theorem that any reader can understand.

7   The number 5 is considered *prime*, but it is the only number ending in 5 that is.

8   For further discussion on the primality of 1, see, Caldwell, Chris K., Yeng Xiong, "What is the Smallest Prime?" *Journal of Integer Sequences*, Vol. 15, (2012).

9   See, Ore, Oystein, *Number Theory and Its History*, Dover Publications, (1976).

10 For a more complete treatment of the history of zero and use of Hindu-Arabic numerals, see, Ore, Oystein, *Number Theory and Its History*, Dover Publications, (1976), pp. 18–20. For a readable but extended treatment of zero, see, Seife, Charles, Zero: *The Biography of a Dangerous Idea*, Penguin Books, (2000).

11 Euclid of Alexandria, *Euclid's Elements: The Whole Fifteen Books*, (1714), Book V, Definition V, (p. 80). Translated and edited by Isaac Barrow.

12 In colloquial terms, asymptotic could be defined as *loosely equal to*. More particularly, it is a term that describes the relationship between a given line and a curve that approximates the same position, coming close to the line but never quite reaching it. Traveling in the same direction, generally, but wandering around along the way.

13 Named for Leonardo of Pisa, a Fibonacci sequence is one in which the last number is added to the preceding number to produce a new number, and the process is repeated to the end of the sequence. For instance, using the numbers on the number line we might begin with the number 3. The preceding number is 2. Add them together and we get 5. For the next number, we add 5 to 3 and get 8. Then 8 to 5 and find 13. 13 to 8 gives 21. Thus, we've created the sequence 2, 3, 5, 8, 13, 21, and the next number in the sequence is 34 (13+21).

14 See, Bell, E. T., *Men of Mathematics*, Touchstone, (1965), pp. 19–34. See also, Ore, Oystein, *Number Theory and Its History*, pp. 174 and 165, respectively. An introductory account of Pythagoras' life and work can be found at, Singh, Simon, *Fermat's Enigma*, Anchor Books, (1997), p. 7ff. The standard text on number theory, though more advanced than others, is Hardy, G. H. and Wright, E. M., *An Introduction to the Theory of Numbers*, Oxford University Press, (2008), sixth ed.

15 The scope of the Pythagorean effort becomes obvious when one considers that the first ten amicable pairs are: (220, 284), (1184, 1210), (2620, 2924), (5020, 5564), (6232, 6368), (10744, 10856), (12285, 14595), (17296, 18416), (63020, 76084), and (66928, 66992). Finding numbers of that size, with all their factors, would have been a monumental task given the mathematic nomenclature of the era.

16 For a comprehensive view of the era, see, Allen, Reginald E., ed, *Greek Philosophy: Thales to Aristotle*, 3rd edition, The Free Press, (1991).

17 See, Derbyshire, John, *Prime Obsession: Bernhard Riemann and the Greatest Unsolved Problem in Mathematics*, John Henry Press (2003), pp. 86–90.

18 More precisely, constructing a square equal to the space of a circle using only straight edge and compass and doing so in a limited number of steps. For a lengthy discussion on the topic see, Beckmann, Petr, *A History of π*, St. Martin's Press, (1971).

19 In 2002, Grigori Perelman proposed a proof for the Poincaré Conjecture.

20 Euler reached a solution in 1734 but did not present it to the public

until December 5, 1735, when he read it to an audience at St. Petersburg Academy.

21 For the details of how Euler accomplished his solution, see: Sandifer, Ed, *Euler's Solution of the Basel Problem—The Longer Story*, (2003), a paper published online at various sites. I found it at https://faculty.math.illinois.edu/~reznick/sandifer.pdf. Sandifer is an emeritus professor of mathematics at Western Connecticut State University.

22 The men mentioned in this chapter were brilliant and prolific in their work as mathematicians. Their lives, otherwise, however, were rather unremarkable. For the most part, they spent their time studying math, thinking of math, working on math. As a result, not much has been written of them by way of biographies. Perhaps the best source for that information is, Bell, E. T., *Men of Mathematics*, Touchstone, (1965).

23 Riemann's paper is widely available. I found it through several online sites including, http://www.claymath.org/sites/default/files/ezeta.pdf (accessed 1-16-2021).

24 The "zero" of a function refers to the value for variables of the function that make the function equal to zero.

25 In addition to sources already cited, a brief history of the zeta function can be found at, Ingham, A. E., *The Distribution of Prime Numbers*, Cambridge University Press, (1932), pp. 1–8. See also, Hoare, Graham, "Bernhard Riemann's Legacy of 1859," *The Mathematical Gazette*, (Nov. 2009), Vol. 93, No 528, pp. 468–475.

26 For instance, we can divide each of the counting numbers by 5, beginning with 1 and continuing as far as we wish to go—a ridiculously simple function in light of the questions we're exploring but a function, nonetheless. That function, dividing by 5, produces a quotient that is always a rational number (either a whole number or a fraction that resolves). When applied to each of the counting numbers, the result is a collection of quotients that mimic the relationship of the underlying numbers. Our division function merely translates 1, 2, 3, 4… into 0.2, 0.4, 0.6, 0.8…. These fractions relate to each other in a manner that mirrors the relationship between the counting numbers we used to produce them. Use of the zeta function might very well do the same thing—translating and indexing the substituted values in the complex plane in a way that merely reflects the underlying relationship between the substituted values in the real plane, and nothing more.

27 Standard readable texts about prime numbers and Riemann's hypothesis for non-professional math enthusiasts include, Rockmore, Dan, *Stalking the Riemann Hypothesis: The Quest to Find the Hidden Law of Prime Numbers*, Pantheon, (2005) and Derbyshire, John, *Prime Obsession: Bernhard Riemann and the Greatest Unsolved Problem in Mathematics*, Joseph Henry Press, (2003).

28 Cardinal value refers to a number that denotes quantity (5 dogs, 3 cats), as distinguished from ordinal, which refers to position (first, second, third).

BIBLIOGRAPHY

BOOKS AND ARTICLES

Allen, Reginald E., ed, *Greek Philosophy: Thales to Aristotle*, 3rd edition, The Free Press, 1991.

Euclid of Alexandria, *Euclid's Elements: The Whole Fifteen Books*, 1714, Book IX, Proposition XX, Franklin Classics, 2018. Translated and edited by Isaac Barrow.

Beckmann, Petr, *A History of π*, St. Martin's Press, 1971.

Bell, E. T., *Men of Mathematics*, Touchstone, 1965.

Caldwell, Chris K., Yeng Xiong, "What is the Smallest Prime?" *Journal of Integer Sequences*, Vol. 15, 2012.

Derbyshire, John, *Prime Obsession: Bernhard Riemann and the Greatest Unsolved Problem in Mathematics*, John Henry Press, 2003.

Hall, Tord, *Carl Friedrich Gauss*, MIT Press, 1970.

Hardy, G. H., and Wright, E. M., *An Introduction to the Theory of Numbers*, Oxford University Press, Sixth Edition, 2008.

Hoare, Graham, "Bernhard Riemann's Legacy of 1859," *The Mathematical Gazette*, Nov. 2009, Vol. 93, No 528, pp. 468–475.

Ingham, A. E., *The Distribution of Prime Numbers*, Cambridge University Press, 1932.

Maor, Eli, *E: The Story of a Number*, Princeton University Press, 1994.

Martin, Artemas, "Odd Numbers and Even numbers," *The Analyst*, Vol. 2, No. 1 (Jan. 1875), pp. 20–21.

Ore, Oystein, *Number Theory and Its History*, Dover Publications, 1976.

Rockmore, Dan, *Stalking the Riemann Hypothesis: The Quest to Find the Hidden Law of Prime Numbers*, Pantheon, 2005.

Seife, Charles, *Zero: The Biography of a Dangerous Idea*, Penguin Books, 2000.

Singh, Simon, *Fermat's Enigma*, Anchor Books, 1997.

ACADEMIC PAPERS

Riemann, Bernhard, T*he Number of Primes Less Than A Given Quantity*, 1859. http://www.claymath.org/sites/default/files/ezeta.pdf (accessed 1-16-2021).

Sandifer, Ed, *Euler's Solution of the Basel Problem—The Longer Story*, 2003. https://faculty.math.illinois.edu/~reznick/sandifer.pdf

FURTHER READING

Conway, John H., and Guy, Richard K., *The Book of Numbers*, Springer-Verlag, 1996.

Edwards, H. M., *Riemann's Zeta Function*, Dover Publications, 2001.

Havil, Julian, *Gamma: Exploring Euler's Constant*, Princeton University Press, 2003.

Livio, Mario, *The Equation That Couldn't Be Solved*, Simon & Schuster, 2005.

Napier, John, *The Construction of the Wonderful Canon of Logarithms*, William Blackwood and Sons, 1889. Translated by William Rae Macdonald. Reprint from Franklin Classics.

Miller, Steven J. and Takloo-Bighash, Ramin, *An Invitation to Modern Number Theory*, Princeton University Press, 2006.

Rose, John S., *A Course on Group Theory*, Cambridge University Press (1978), Dover Edition, Dover Publications, 2012.

Wells, David, *Prime Numbers: The Most Mysterious Figures in Math*, John Wiley & Sons, 2005.

CHART 1

THE SIX-NUMBER SEQUENCE
THROUGH 10,500

N=Non-Prime Odd, E=Even, P=Prime

N	E	P	E	P	E
9	10	11	12	13	14

N	E	P	E	P	E
15	16	17	18	19	20

N	E	P	E	N	E
21	22	23	24	25	26

N	E	P	E	P	E
27	28	29	30	31	32

N	E	N	E	P	E
33	34	35	36	37	38

N	E	P	E	P	E
39	40	41	42	43	44

N	E	P	E	N	E
45	46	47	48	49	50

N	E	P	E	N	E
51	52	53	54	55	56

N	E	P	E	,P	E
57	58	59	60	61	62

N	E	N	E	P	E
63	64	65	66	67	68

N	E	P	E	P	E
69	70	71	72	73	74

N	E	N	E	P	E
75	76	77	78	79	80
N	E	P	E	N	E
81	82	83	84	85	86
N	E	P	E	N	E
87	88	89	90	91	92
N	E	N	E	P	E
93	94	95	96	97	98
N	E	P	E	P	E
99	100	101	102	103	104
N	E	P	E	P	E
105	106	107	108	109	110
N	E	P	E	N	E
111	112	113	114	115	116
N	E	N	E	N	E
117	118	119	120	121	122
N	E	N	E	P	E
123	124	125	126	127	128
N	E	P	E	N	E
129	130	131	132	133	134
N	E	P	E	P	E
135	136	137	138	139	140
N	E	N	E	N	E
141	142	143	144	145	146
N	E	P	E	P	E
147	148	149	150	151	152
N	E	N	E	P	E
153	154	155	156	157	158
N	E	N	E	P	E
159	160	161	162	163	164
N	E	P	E	N	E
165	166	167	168	169	170

N	E	P	E	N	E
171	172	173	174	175	176
N	E	P	E	P	E
177	178	179	180	181	182
N	E	N	E	N	E
183	184	185	186	187	188
N	E	P	E	P	E
189	190	191	192	193	194
N	E	P	E	P	E
195	196	197	198	199	200
N	E	N	E	N	E
201	202	203	204	205	206
N	E	N	E	P	E
207	208	209	210	211	212
N	E	N	E	N	E
213	214	215	216	217	218
N	E	N	E	P	E
219	220	221	222	223	224
N	E	P	E	P	E
225	226	227	228	229	230
N	E	P	E	N	E
231	232	233	234	235	236
N	E	P	E	P	E
237	238	239	240	241	242
N	E	N	E	N	E
243	244	245	246	247	248
N	E	P	E	N	E
249	250	251	252	253	254
N	E	P	E	N	E
255	256	257	258	259	260
N	E	P	E	N	E
261	262	263	264	265	266

N	E	P	E	P	E
267	268	269	270	271	272
N	E	N	E	P	E
273	274	275	276	277	278
N	E	P	E	P	E
279	280	281	282	283	284
N	E	N	E	N	E
285	286	287	288	289	290
N	E	P	E	N	E
291	292	293	294	295	296
N	E	N	E	N	E
297	298	299	300	301	302
N	E	N	E	P	E
303	304	305	306	307	308
N	E	P	E	P	E
309	310	311	312	313	314
N	E	P	E	N	E
315	316	317	318	319	320
N	E	N	E	N	E
321	322	323	324	325	326
N	E	N	E	P	E
327	328	329	330	331	332
N	E	N	E	P	E
333	334	335	336	337	338
N	E	N	E	N	E
339	340	341	342	343	344
N	E	P	E	P	E
345	346	347	348	349	350
N	E	P	E	N	E
351	352	353	354	355	356
N	E	P	E	N	E
357	358	359	360	361	362

N	E	N	E	P	E
363	364	365	366	367	368
N	E	N	E	P	E
369	370	371	372	373	374
N	E	N	E	P	E
375	376	377	378	379	380
N	E	P	E	N	E
381	382	383	384	385	386
N	E	P	E	N	E
387	388	389	390	391	392
N	E	N	E	P	E
393	394	395	396	397	398
N	E	P	E	N	E
399	400	401	402	403	404
N	E	N	E	P	E
405	406	407	408	409	410
N	E	N	E	N	E
411	412	413	414	415	416
N	E	P	E	P	E
417	418	419	420	421	422
N	E	N	E	N	E
423	424	425	426	427	428
N	E	P	E	P	E
429	430	431	432	433	434
N	E	N	E.	P	E
435	436	437	438	439	440
N	E	P	E	N	E
441	442	443	444	445	446
N	E	P	E	N	E
447	448	449	450	451	452
N	E	N	E	P	E
453	454	455	456	457	458

N	E	P	E	P	E
459	460	461	462	463	464
N	E	P	E	N	E
465	466	467	468	469	470
N	E	N	E	N	E
471	472	473	474	475	476
N	E	P	E	N	E
477	478	479	480	481	482
N	E	N	E	P	E
483	484	485	486	487	488
N	E	P	E	N	E
489	490	491	492	493	494
N	E	N	E	P	E
495	496	497	498	499	500
N	E	P	E	N	E
501	502	503	504	505	506
N	E	P	E	N	E
507	508	509	510	511	512
N	E	N	E	N	E
513	514	515	516	517	518
N	E	P	E	P	E
519	520	521	522	523	524
N	E	N	E	N	E
525	526	527	528	529	530
N	E	N	E	N	E
531	532	533	534	535	536
N	E	N	E	P	E
537	538	539	540	541	542
N	E	N	E	P	E
543	544	545	546	547	548
N	E	N	E	N	E
549	550	551	552	553	554

N	E	P	E	N	E
555	556	557	558	559	560

N	E	P	E	N	E
561	562	563	564	565	566

N	E	P	E	P	E
567	568	569	570	571	572

N	E	N	E	P	E
573	574	575	576	577	578

N	E	N	E	N	E
579	580	581	582	583	584

N	E	P	E	N	E
585	586	587	588	589	590

N	E	P	E	N	E
591	592	593	594	595	596

N	E	P	E	P	E
597	598	599	600	601	602

N	E	N	E	P	E
603	604	605	606	607	608

N	E	N	E	P	E
609	610	611	612	613	614

N	E	P	E	P	E
615	616	617	618	619	620

N	E	N	E	N	E
621	622	623	624	625	626

N	E	N	E	P	E
627	628	629	630	631	632

N	E	N	E	N	E
633	634	635	636	637	638

N	E	P	E	P	E
639	640	641	642	643	644

N	E	P	E	N	E
645	646	647	648	649	650

N	E	P	E	N	E
651	652	653	654	655	656
N	E	P	E	P	E
657	658	659	660	661	662
N	E	N	E	N	E
663	664	665	666	667	668
N	E	N	E	P	E
669	670	671	672	673	674
N	E	P	E	N	E
675	676	677	678	679	680
N	E	P	E	N	E
681	682	683	684	685	686
N	E	N	E	P	E
687	688	689	690	691	692
N	E	N	E	N	E
693	694	695	696	697	698
N	E	P	E	N	E
699	700	701	702	703	704
N	E	N	E	P	E
705	706	707	708	709	700
N	E	N	E	N	E
711	712	713	714	715	716
N	E	P	E	N	E
717	718	719	720	721	722
N	E	N	E	P	E
723	724	725	726	727	728
N	E	N	E	P	E
729	730	731	732	733	734
N	E	N	E	P	E
735	736	737	738	739	740
N	E	P	E	N	E
741	742	743	744	745	746

N	E	N	E	P	E
747	748	749	750	751	752
N	E	N	E	P	E
753	754	755	756	757	778
N	E	P	E	N	E
759	760	761	762	763	764
N	E	N	E	P	E
765	766	767	768	769	770
N	E	P	E	N	E
771	772	773	774	775	776
N	E	N	E	N	E
777	778	779	780	781	782
N	E	N	E	P	E
783	784	785	786	787	788
N	E	N	E	N	E
789	790	791	792	793	794
N	E	P	E	N	E
795	796	797	798	799	800
N	E	N	E	N	E
801	802	803	804	805	806
N	E	P	E	P	E
807	808	809	810	811	812
N	E	N	E	N	E
813	814	815	816	817	818
N	E	P	E	P	E
819	820	821	822	823	824
N	E	P	E	P	E
825	826	827	828	829	830
N	E	N	E	N	E
831	832	833	834	835	836
N	E	P	E	N	E
837	838	839	840	841	842

N	E	N	E	N	E
843	844	845	846	847	848
N	E	N	E	P	E
849	850	851	852	853	854
N	E	P	E	P	E
855	856	857	858	859	860
N	E	P	E	N	E
861	862	863	864	865	866
N	E	N	E	N	E
867	868	869	870	871	872
N	E	N	E	P	E
873	874	875	876	877	878
N	E	P	E	P	E
879	880	881	882	883	884
N	E	P	E	N	E
885	886	887	888	889	890
N	E	N	E	N	E
891	892	893	894	895	896
N	E	N	E	N	E
897	898	899	900	901	902
N	E	N	E	P	E
903	904	905	906	907	908
N	E	P	E	N	E
909	910	911	912	913	914
N	E	N	E	P	E
915	916	917	918	919	920
N	E	N	E	N	E
921	922	923	924	925	926
N	E	P	E	N	E
927	928	929	930	931	932
N	E	N	E	P	E
933	934	935	936	937	938

N	E	P	E	N	E
939	940	941	942	943	944
N	E	P	E	N	E
945	946	947	948	949	950
N	E	P	E	N	E
951	952	953	954	955	956
N	E	N	E	N	E
957	958	959	960	961	962
N	E	N	E	P	E
963	964	965	966	967	968
N	E	P	E	N	E
969	970	971	972	973	974
N	E	P	E	N	E
975	976	977	978	979	980
N	E	P	E	N	E
981	982	983	984	985	986
N	E	N	E	P	E
987	988	989	990	991	992
N	E	N	E	P	E
993	994	995	996	997	998
N	E	N	E	N	E
999	1000	1001	1002	1003	1004
N	E	N	E	P	E
1005	1006	1007	1008	1009	1010
N	E	P	E	N	E
1011	1012	1013	1014	1015	1016
N	E	P	E	P	E
1017	1018	1019	1020	1021	1022
N	E	N	E	N	E
1023	1024	1025	1026	1027	1028
N	E	P	E	P	E
1029	1030	1031	1032	1033	1034

N	E	N	E	P	E
1035	1036	1037	1038	1039	1040

N	E	N	E	N	E
1041	1042	1043	1044	1045	1046

N	E	P	E	P	E
1047	1048	1049	1050	1051	1052

N	E	N	E	N	E
1053	1054	1055	1056	1057	1058

N	E	P	E	P	E
1059	1060	1061	1062	1063	1064

N	E	N	E	P	E
1065	1066	1067	1068	1069	1070

N	E	N	E	N	E
1071	1072	1073	1074	1075	1076

N	E	N	E	N	E
1077	1078	1079	1080	1081	1082

N	E	N	E	P	E
1083	1084	1085	1086	1087	1088

N	E	P	E	P	E
1089	1090	1091	1092	1093	1094

N	E	P	E	N	E
1095	1096	1097	1098	1099	1100

N	E	P	E	N	E
1101	1102	1103	1104	1105	1106

N	E	P	E	N	E
1107	1108	1109	1110	1111	1112

N	E	N	E	P	E
1113	1114	1115	1116	1117	1118

N	E	N	E	P	E
1119	1120	1121	1122	1123	1124

N	E	N	E	P	E
1125	1126	1127	1128	1129	1130

N	E	N	E	N	E
1131	1132	1133	1134	1135	1136

N	E	N	E	N	E
1137	1138	1139	1140	1141	1142

N	E	N	E	N	E
1143	1144	1145	1146	1147	1148

N	E	P	E	P	E
1149	1150	1151	1152	1153	1154

N	E	N	E	N	E
1155	1156	1157	1158	1159	1160

N	E	P	E	N	E
1161	1162	1163	1164	1165	1166

N	E	N	E	P	E
1167	1168	1169	1170	1171	1172

N	E	N	E	N	E
1173	1174	1175	1176	1177	1178

N	E	P	E	N	E
1179	1180	1181	1182	1183	1184

N	E	P	E	N	E
1185	1186	1187	1188	1189	1190

N	E	P	E	N	E
1191	1192	1193	1194	1195	1196

N	E	N	E	P	E
1197	1198	1199	1200	1201	1202

N	E	N	E	N	E
1203	1204	1205	1206	1207	1208

N	E	N	E	P	E
1209	1210	1211	1212	1213	1214

N	E	P	E	N	E
1215	1216	1217	1218	1219	1220

N	E	P	E	N	E
1221	1222	1223	1224	1225	1226

N	E	P	E	P	E
1227	1228	1229	1230	1231	1232

N	E	N	E	P	E
1233	1234	1235	1236	1237	1238

N	E	N	E	N	E
1239	1240	1241	1242	1243	1244

N	E	N	E	P	E
1245	1246	1247	1248	1249	1250

N	E	N	E	N	E
1251	1252	1253	1254	1255	1256

N	E	P	E	N	E
1257	1258	1259	1260	1261	1262

N	E	N	E	N	E
1263	1264	1265	1266	1267	1268

N	E	N	E	N	E
1269	1270	1271	1272	1273	1274

N	E	P	E	P	E
1275	1276	1277	1278	1279	1280

N	E	P	E	N	E
1281	1282	1283	1284	1285	1286

N	E	P	E	P	E
1287	1288	1289	1290	1291	1292

N	E	N	E	P	E
1293	1294	1295	1296	1297	1298

N	E	P	E	P	E
1299	1300	1301	1302	1303	1304

N	E	P	E	N	E
1305	1306	1307	1308	1309	1310

N	E	N	E	N	E
1311	1312	1313	1314	1315	1316

N	E	P	E	P	E
1317	1318	1319	1320	1321	1322

N	E	N	E	P	E
1323	1324	1325	1326	1327	1328

N	E	N	E	N	E
1329	1330	1331	1332	1333	1334

N	E	N	E	N	E
1335	1336	1337	1338	1339	1340

N	E	N	E	N	E
1341	1342	1343	1344	1345	1346

N	E	N	E	N	E
1347	1348	1349	1350	1351	1352

N	E	N	E	N	E
1353	1354	1355	1356	1357	1358

N	E	P	E	N	E
1359	1360	1361	1362	1363	1364

N	E	P	E	N	E
1365	1366	1367	1368	1369	1370

N	E	P	E	N	E
1371	1372	1373	1374	1375	1376

N	E	N	E	P	E
1377	1378	1379	1380	1381	1382

N	E	N	E	N	E
1383	1384	1385	1386	1387	1388

N	E	N	E	N	E
1389	1390	1391	1392	1393	1394

N	E	N	E	P	E
1395	1396	1397	1398	1399	1400

N	E	N	E	N	E
1401	1402	1403	1404	1405	1406

N	E	P	E	N	E
1407	1408	1409	1410	1411	1412

N	E	N	E	N	E
1413	1414	1415	1416	1417	1418

N	E	N	E	P	E
1419	1420	1421	1422	1423	1424

N	E	P	E	P	E
1425	1426	1427	1428	1429	1430

N	E	P	E	N	E
1431	1432	1433	1434	1435	1436

N	E	P	E	N	E
1437	1438	1439	1440	1441	1442

N	E	N	E	P	E
1443	1444	1445	1446	1447	1448

N	E	P	E	P	E
1449	1450	1451	1452	1453	1454

N	E	N	E	P	E
1455	1456	1457	1458	1459	1460

N	E	N	E	N	E
1461	1462	1463	1464	1465	1466

N	E	N	E	P	E
1467	1468	1469	1470	1471	1472

N	E	N	E	N	E
1473	1474	1475	1476	1477	1478

N	E	P	E	P	E
1479	1480	1481	1482	1483	1484

N	E	P	E	P	E
1485	1486	1487	1488	1489	1490

N	E	P	E	N	E
1491	1492	1493	1494	1495	1496

N	E	P	E	N	E
1497	1498	1499	1500	1501	1502

N	E	N	E	N	E
1503	1504	1505	1506	1507	1508

N	E	P	E	N	E
1509	1510	1511	1512	1513	1514

N	E	N	E	N	E
1515	1516	1517	1518	1519	1520

N	E	P	E	N	E
1521	1522	1523	1524	1525	1526

N	E	N	E	P	E
1527	1528	1529	1530	1531	1532

N	E	N	E	N	E
1533	1534	1535	1536	1537	1538

N	E	N	E	P	E
1539	1540	1541	1542	1543	1544

N	E	N	E	P	E
1545	1546	1547	1548	1549	1550

N	E	P	E	N	E
1551	1552	1553	1554	1555	1556

N	E	P	E	N	E
1557	1558	1559	1560	1561	1562

N	E	N	E	P	E
1563	1564	1565	1566	1567	1568

N	E	P	E	N	E
1569	1570	1571	1572	1573	1574

N	E	N	E	P	E
1575	1576	1577	1578	1579	1580

N	E	P	E	N	E
1581	1582	1583	1584	1585	1586

N	E	N	E	N	E
1587	1588	1589	1590	1591	1592

N	E	N	E	P	E
1593	1594	1595	1596	1597	1598

N	E	P	E	N	E
1599	1600	1601	1602	1603	1604

N	E	P	E	P	E
1605	1606	1607	1608	1609	1610

N	E	P	E	N	E
1611	1612	1613	1614	1615	1616

N	E	P	E	P	E
1617	1618	1619	1620	1621	1622

N	E	N	E	P	E
1623	1624	1625	1626	1627	1628

N	E	N	E	N	E
1629	1630	1631	1632	1633	1634

N	E	P	E	N	E
1635	1636	1637	1638	1639	1640

N	E	N	E	N	E
1641	1642	1643	1644	1645	1646

N	E	N	E	N	E
1647	1648	1649	1650	1651	1652

N	E	N	E	P	E
1653	1654	1655	1656	1657	1658

N	E	N	E	P	E
1659	1660	1661	1662	1663	1664

N	E	P	E	P	E
1665	1666	1667	1668	1669	1670

N	E	N	E	N	E
1671	1672	1673	1674	1675	1676

N	E	N	E	N	E
1677	1678	1679	1680	1681	1682

N	E	N	E	N	E
1683	1684	1685	1686	1687	1688

N	E	N	E	P	E
1689	1690	1691	1692	1693	1694

N	E	P	E	P	E
1695	1696	1697	1698	1699	1700

N	E	N	E	N	E
1701	1702	1703	1704	1705	1706

N	E	P	E	N	E
1707	1708	1709	1700	1711	1712
N	E	N	E	N	E
1713	1714	1715	1716	1717	1718
N	E	P	E	P	E
1719	1720	1721	1722	1723	1724
N	E	N	E	N	E
1725	1726	1727	1728	1729	1730
N	E	P	E	N	E
1731	1732	1733	1734	1735	1736
N	E	N	E	P	E
1737	1738	1739	1740	1741	1742
N	E	N	E	P	E
1743	1744	1745	1746	1747	1748
N	E	N	E	P	E
1749	1750	1751	1752	1753	1754
N	E	N	E	P	E
1755	1756	1757	1778	1759	1760
N	E	N	E	N	E
1761	1762	1763	1764	1765	1766
N	E	N	E	N	E
1767	1768	1769	1770	1771	1772
N	E	N	E	P	E
1773	1774	1775	1776	1777	1778
N	E	N	E	P	E
1779	1780	1781	1782	1783	1784
N	E	P	E	P	E
1785	1786	1787	1788	1789	1790
N	E	N	E	N	E
1791	1792	1793	1794	1795	1796
N	E	N	E	P	E
1797	1798	1799	1800	1801	1802

N	E	N	E	N	E
1803	1804	1805	1806	1807	1808

N	E	P	E	N	E
1809	1810	1811	1812	1813	1814

N	E	N	E	N	E
1815	1816	1817	1818	1819	1820

N	E	P	E	N	E
1821	1822	1823	1824	1825	1826

N	E	N	E	P	E
1827	1828	1829	1830	1831	1832

N	E	N	E	N	E
1833	1834	1835	1836	1837	1838

N	E	N	E	N	E
1839	1840	1841	1842	1843	1844

N	E	P	E	N	E
1845	1846	1847	1848	1849	1850

N	E	N	E	N	E
1851	1852	1853	1854	1855	1856

N	E	N	E	P	E
1857	1858	1859	1860	1861	1862

N	E	N	E	P	E
1863	1864	1865	1866	1867	1868

N	E	P	E	P	E
1869	1870	1871	1872	1873	1874

N	E	P	E	P	E
1875	1876	1877	1878	1879	1880

N	E	N	E	N	E
1881	1882	1883	1884	1885	1886

N	E	P	E	N	E
1887	1888	1889	1890	1891	1892

N	E	N	E	N	E
1893	1894	1895	1896	1897	1898

N	E	P	E	N	E
1899	1900	1901	1902	1903	1904
N	E	P	E	N	E
1905	1906	1907	1908	1909	1910
N	E	P	E	N	E
1911	1912	1913	1914	1915	1916
N	E	N	E	N	E
1917	1918	1919	1920	1921	1922
N	E	N	E	N	E
1923	1924	1925	1926	1927	1928
N	E	P	E	P	E
1929	1930	1931	1932	1933	1934
N	E	N	E	N	E
1935	1936	1937	1938	1939	1940
N	E	N	E	N	E
1941	1942	1943	1944	1945	1946
N	E	P	E	P	E
1947	1948	1949	1950	1951	1952
N	E	N	E	N	E
1953	1954	1955	1956	1957	1958
N	E	N	E	N	E
1959	1960	1961	1962	1963	1964
N	E	N	E	N	E
1965	1966	1967	1968	1969	1970
N	E	P	E	N	E
1971	1972	1973	1974	1975	1976
N	E	P	E	N	E
1977	1978	1979	1980	1981	1982
N	E	N	E	P	E
1983	1984	1985	1986	1987	1988
N	E	N	E	P	E
1989	1990	1991	1992	1993	1994

N	E	P	E	P	E
1995	1996	1997	1998	1999	2000
N	E	P	E	N	E
2001	2002	2003	2004	2005	2006
N	E	N	E	P	E
2007	2008	2009	2010	2011	2012
N	E	N	E	P	E
2013	2014	2015	2016	2017	2018
N	E	N	E	N	E
2019	2020	2021	2022	2023	2024
N	E	P	E	P	E
2025	2026	2027	2028	2029	2030
N	E	N	E	N	E
2031	2032	2033	2034	2035	2036
N	E	P	E	N	E
2037	2038	2039	2040	2041	2042
N	E	N	E	N	E
2043	2044	2045	2046	2047	2048
N	E	N	E	P	E
2049	2050	2051	2052	2053	2054
N	E	N	E	N	E
2055	2056	2057	2058	2059	2060
N	E	P	E	N	E
2061	2062	2063	2064	2065	2066
N	E	P	E	N	E
2067	2068	2069	2070	2071	2072
N	E	N	E	N	E
2073	2074	2075	2076	2077	2078
N	E	P	E	P	E
2079	2080	2081	2082	2083	2084
N	E	P	E	P	E
2085	2086	2087	2088	2089	2090

N	E	N	E	N	E
2091	2092	2093	2094	2095	2096

N	E	P	E	N	E
2097	2098	2099	2100	2101	2102

N	E	N	E	N	E
2103	2104	2105	2106	2107	2108

N	E	N	E	P	E
2109	2110	2121	2112	2113	2114

N	E	N	E	N	E
2115	2116	2117	2118	2119	2120

N	E	N	E	N	E
2121	2122	2123	2124	2125	2126

N	E	P	E	P	E
2127	2128	2129	2130	2131	2132

N	E	N	E	P	E
2133	2134	2135	2136	2137	2138

N	E	P	E	P	E
2139	2140	2141	2142	2143	2144

N	E	N	E	N	E
2145	2146	2147	2148	2149	2150

N	E	P	E	N	E
2151	2152	2153	2154	2155	2156

N	E	N	E	P	E
2157	2158	2159	2160	2161	2162

N	E	N	E	N	E
2163	2164	2165	2166	2167	2168

N	E	N	E	P	E
2169	2170	2171	2172	2173	2174

N	E	N	E	P	E
2175	2176	2177	2178	2179	2180

N	E	N	E	N	E
2181	2182	2183	2184	2185	2186

N	E	N	E	N	E
2187	2188	2189	2190	2191	2192

N	E	N	E	N	E
2193	2194	2195	2196	2197	2198

N	E	N	E	P	E
2199	2200	2201	2202	2203	2204

N	E	P	E	N	E
2205	2206	2207	2208	2209	2210

N	E	P	E	N	E
2211	2222	2213	2214	2215	2216

N	E	N	E	P	E
2217	2218	2219	2220	2221	2222

N	E	N	E	N	E
2223	2224	2225	2226	2227	2228

N	E	N	E	N	E
2229	2230	2231	2232	2233	2234

N	E	P	E	P	E
2235	2236	2237	2238	2239	2240

N	E	P	E	N	E
2241	2242	2243	2244	2245	2246

N	E	N	E	P	E
2247	2248	2249	2250	2251	2252

N	E	N	E	N	E
2253	2254	2255	2256	2257	2258

N	E	N	E	N	E
2259	2260	2261	2262	2263	2264

N	E	P	E	P	E
2265	2266	2267	2268	2269	2270

N	E	P	E	N	E
2271	2272	2273	2274	2275	2276

N	E	N	E	P	E
2277	2278	2279	2280	2281	2282

N	E	N	E	P	E
2283	2284	2285	2286	2287	2288
N	E	N	E	P	E
2289	2290	2291	2292	2293	2294
N	E	P	E	N	E
2295	2296	2297	2298	2299	2300
N	E	N	E	N	E
2301	2302	2303	2304	2305	2306
N	E	P	E	P	E
2307	2308	2309	2310	2311	2312
N	E	N	E	N	E
2313	2314	2315	2316	2317	2318
N	E	N	E	N	E
2319	2320	2321	2322	2323	2324
N	E	N	E	N	E
2325	2326	2327	2328	2329	2330
N	E	P	E	N	E
2331	2332	2333	2334	2335	2336
N	E	P	E	P	E
2337	2338	2339	2340	2341	2342
N	E	N	E	P	E
2343	2344	2345	2346	2347	2348
N	E	P	E	N	E
2349	2350	2351	2352	2353	2354
N	E	P	E	N	E
2355	2356	2357	2358	2359	2360
N	E	N	E	N	E
2361	2362	2363	2364	2365	2366
N	E	N	E	P	E
2367	2368	2369	2370	2371	2372
N	E	N	E	P	E
2373	2374	2375	2376	2377	2378

N	E	P	E	P	E
2379	2380	2381	2382	2383	2384

N	E	N	E	P	E
2385	2386	2387	2388	2389	2390

N	E	P	E	N	E
2391	2392	2393	2394	2395	2396

N	E	P	E	N	E
2397	2398	2399	2400	2401	2402

N	E	N	E	N	E
2403	2404	2405	2406	2407	2408

N	E	P	E	N	E
2409	2410	2411	2412	2413	2414

N	E	P	E	N	E
2415	2416	2417	2418	2419	2420

N	E	P	E	N	E
2421	2422	2423	2424	2425	2426

N	E	N	E	N	E
2427	2428	2429	2430	2431	2432

N	E	N	E	P	E
2433	2434	2435	2436	2437	2438

N	E	P	E	N	E
2439	2440	2441	2442	2443	2444

N	E	P	E	N	E
2445	2446	2447	2448	2449	2450

N	E	N	E	N	E
2451	2452	2453	2454	2455	2456

N	E	P	E	N	E
2457	2458	2459	2460	2461	2462

N	E	N	E	P	E
2463	2464	2465	2466	2467	2468

N	E	N	E	P	E
2469	2470	2471	2472	2473	2474

N	E	P	E	N	E
2475	2476	2477	2478	2479	2480
N	E	N	E	N	E
2481	2482	2483	2484	2485	2486
N	E	N	E	N	E
2487	2488	2489	2490	2491	2492
N	E	N	E	N	E
2493	2494	2495	2496	2497	2498
N	E	N	E	P	E
2499	2500	2501	2502	2503	2504
N	E	N	E	N	E
2505	2506	2507	2508	2509	2510
N	E	N	E	N	E
2511	2512	2513	2515	2515	2516
N	E	N	E	P	E
2517	2518	2519	2520	2521	2522
N	E	N	E	N	E
2523	2524	2525	2526	2527	2528
N	E	P	E	N	E
2529	2530	2531	2532	2533	2534
N	E	N	E	P	E
2535	2536	2537	2538	2539	2540
N	E	P	E	N	E
2541	2542	2543	2544	2545	2546
N	E	P	E	P	E
2547	2548	2549	2550	2551	2552
N	E	N	E	P	E
2553	2554	2555	2556	2557	2558
N	E	N	E	N	E
2559	2560	2561	2562	2563	2564
N	E	N	E	N	E
2565	2566	2567	2568	2569	2570

N	E	N	E	N	E
2571	2572	2573	2574	2575	2576

N	E	P	E	N	E
2577	2578	2579	2580	2581	2582

N	E	N	E	N	E
2583	2584	2585	2586	2587	2588

N	E	P	E	P	E
2589	2590	2591	2592	2593	2594

N	E	N	E	N	E
2595	2596	2597	2598	2599	2600

N	E	N	E	N	E
2601	2602	2603	2604	2605	2606

N	E	P	E	N	E
2607	2608	2609	2610	2611	2612

N	E	N	E	P	E
2613	2614	2615	2616	2617	2618

N	E	P	E	N	E
2619	2620	2621	2622	2623	2624

N	E	N	E	N	E
2625	2626	2627	2628	2629	2630

N	E	P	E	N	E
2631	2632	2633	2634	2635	2636

N	E	N	E	N	E
2637	2638	2639	2640	2641	2642

N	E	N	E	P	E
2643	2644	2645	2646	2647	2648

N	E	N	E	N	E
2649	2650	2651	2652	2653	2654

N	E	P	E	P	E
2655	2656	2657	2658	2659	2660

N	E	P	E	N	E
2661	2662	2663	2664	2665	2666

N	E	N	E	P	E
2667	2668	2669	2670	2671	2672

N	E	N	E	P	E
2673	2674	2675	2676	2677	2678

N	E	N	E	P	E
2679	2680	2681	2682	2683	2684

N	E	P	E	P	E
2685	2686	2687	2688	2689	2690

N	E	P	E	N	E
2691	2692	2693	2694	2695	2696

N	E	P	E	N	E
2697	2698	2699	2700	2701	2702

N	E	N	E	P	E
2703	2704	2705	2706	2707	2708

N	E	P	E	P	E
2709	2710	2711	2712	2713	2714

N	E	N	E	P	E
2715	2716	2717	2718	2719	2720

N	E	N	E	N	E
2721	2722	2723	2724	2725	2726

N	E	P	E	P	E
2727	2728	2729	2730	2731	2732

N	E	N	E	N	E
2733	2734	2735	2736	2737	2738

N	E	P	E	N	E
2739	2740	2741	2742	2743	2744

N	E	N	E	P	E
2745	2746	2747	2748	2749	2750

N	E	P	E	N	E
2751	2752	2753	2754	2755	2756

N	E	N	E	N	E
2757	2758	2759	2760	2761	2762

N	E	N	E	P	E
2763	2764	2765	2766	2767	2768
N	E	N	E	N	E
2769	2770	2771	2772	2773	2774
N	E	P	E	N	E
2775	2776	2777	2778	2779	2780
N	E	N	E	N	E
2781	2782	2783	2784	2785	2786
N	E	P	E	P	E
2787	2788	2789	2790	2791	2792
N	E	N	E	N	E
2793	2794	2795	2796	2797	2798
N	E	P	E	P	E
2799	2800	2801	2802	2803	2804
N	E	N	E	N	E
2805	2806	2807	2808	2809	2810
N	E	N	E	N	E
2811	2812	2813	2814	2815	2816
N	E	P	E	N	E
2817	2818	2819	2820	2821	2822
N	E	N	E	N	E
2823	2824	2825	2826	2827	2828
N	E	N	E	P	E
2829	2830	2831	2832	2833	2834
N	E	P	E	N	E
2835	2836	2837	2838	2839	2840
N	E	P	E	N	E
2841	2842	2843	2844	2845	2846
N	E	N	E	P	E
2847	2848	2849	2850	2851	2852
N	E	N	E	P	E
2853	2854	2855	2856	2857	2858

N	E	P	E	N	E
2859	2860	2861	2862	2863	2864

N	E	N	E	N	E
2865	2866	2867	2868	2869	2870

N	E	N	E	N	E
2871	2872	2873	2874	2875	2876

N	E	P	E	N	E
2877	2878	2879	2880	2881	2882

N	E	N	E	P	E
2883	2884	2885	2886	2887	2888

N	E	N	E	N	E
2889	2890	2891	2892	2893	2894

N	E	P	E	N	E
2895	2896	2897	2898	2899	2900

N	E	P	E	N	E
2901	2902	2903	2904	2905	2906

N	E	P	E	N	E
2907	2908	2909	2910	2911	2912

N	E	N	E	P	E
2913	2914	2915	2916	2917	2918

N	E	N	E	N	E
2919	2920	2921	2922	2923	2924

N	E	P	E	N	E
2925	2926	2927	2928	2929	2930

N	E	N	E	N	E
2931	2932	2933	2934	2935	2936

N	E	P	E	N	E
2937	2938	2939	2940	2941	2942

N	E	N	E	N	E
2943	2944	2945	2946	2947	2948

N	E	N	E	P	E
2949	2950	2951	2952	2953	2954

N	E	P	E	N	E
2955	2956	2957	2958	2959	2960

N	E	P	E	N	E
2961	2962	2963	2964	2965	2966

N	E	P	E	P	E
2967	2968	2969	2970	2971	2972

N	E	N	E	N	E
2973	2974	2975	2976	2977	2978

N	E	N	E	N	E
2979	2980	2981	2982	2983	2984

N	E	N	E	N	E
2985	2986	2987	2988	2989	2990

N	E	N	E	N	E
2991	2992	2993	2994	2995	2996

N	E	P	E	P	E
2997	2998	2999	3000	3001	3002

N	E	N	E	N	E
3003	3004	3005	3006	3007	3008

N	E	P	E	N	E
3009	3010	3011	3012	3013	3014

N	E	N	E	P	E
3015	3016	3017	3018	3019	3020

N	E	P	E	N	E
3021	3022	3023	3024	3025	3026

N	E	N	E	N	E
3027	3028	3029	3030	3031	3032

N	E	N	E	P	E
3033	3034	3035	3036	3037	3038

N	E	P	E	N	E
3039	3040	3041	3042	3043	3044

N	E	N	E	P	E
3045	3046	3047	3048	3049	3050

N	E	N	E	N	E
3051	3052	3053	3054	3055	3056

N	E	N	E	P	E
3057	3058	3059	3060	3061	3062

N	E	N	E	P	E
3063	3064	3065	3066	3067	3068

N	E	N	E	N	E
3069	3070	3071	3072	3073	3074

N	E	N	E	P	E
3075	3076	3077	3078	3079	3080

N	E	P	E	N	E
3081	3082	3083	3084	3085	3086

N	E	P	E	N	E
3087	3088	3089	3090	3091	3092

N	E	N	E	N	E
3093	3094	3095	3096	3097	3098

N	E	N	E	N	E
3099	3100	3101	3102	3103	3104

N	E	N	E	P	E
3105	3106	3107	3108	3109	3110

N	E	N	E	N	E
3111	3112	3113	3114	3115	3116

N	E	P	E	P	E
3117	3118	3119	3120	3121	3122

N	E	N	E	N	E
3123	3124	3125	3126	3127	3128

N	E	N	E	N	E
3129	3130	3131	3132	3133	3134

N	E	P	E	N	E
3135	3136	3137	3138	3139	3140

N	E	N	E	N	E
3141	3142	3143	3144	3145	3146

N	E	N	E	N	E
3147	3148	3149	3150	3151	3152

N	E	N	E	N	E
3153	3154	3155	3156	3157	3158

N	E	N	E	P	E
3159	3160	3161	3162	3163	3164

N	E	P	E	P	E
3165	3166	3167	3168	3169	3170

N	E	N	E	N	E
3171	3172	3173	3174	3175	3176

N	E	N	E	P	E
3177	3178	3179	3180	3181	3182

N	E	N	E	P	E
3183	3184	3185	3186	3187	3188

N	E	P	E	N	E
3189	3190	3191	3192	3193	3194

N	E	N	E	N	E
3195	3196	3197	3198	3199	3200

N	E	P	E	N	E
3201	3202	3203	3204	3205	3206

N	E	P	E	N	E
3207	3208	3209	3210	3211	3212

N	E	N	E	P	E
3213	3214	3215	3216	3217	3218

N	E	P	E	N	E
3219	3220	3221	3222	3223	3224

N	E	N	E	P	E
3225	3226	3227	3228	3229	3230

N	E	N	E	N	E
3231	3232	3233	3234	3235	3236

N	E	N	E	N	E
3237	3238	3239	3240	3241	3242

N	E	N	E	N	E
3243	3244	3245	3246	3247	3248

N	E	P	E	P	E
3249	3250	3251	3252	3253	3254

N	E	P	E	P	E
3255	3256	3257	3258	3259	3260

N	E	N	E	N	E
3261	3262	3263	3264	3265	3266

N	E	N	E	P	E
3267	3268	3269	3270	3271	3272

N	E	N	E	N	E
3273	3274	3275	3276	3277	3278

N	E	N	E	N	E
3279	3280	3281	3282	3283	3284

N	E	N	E	N	E
3285	3286	3287	3288	3289	3290

N	E	N	E	N	E
3291	3292	3293	3294	3295	3296

N	E	P	E	P	E
3297	3298	3299	3300	3301	3302

N	E	N	E	P	E
3303	3304	3305	3306	3307	3308

N	E	N	E	P	E
3309	3310	3311	3312	3313	3314

N	E	N	E	P	E
3315	3316	3317	3318	3319	3320

N	E	P	E	N	E
3321	3322	3323	3324	3325	3326

N	E	P	E	P	E
3327	3328	3329	3330	3331	3332

N	E	N	E	N	E
3333	3334	3335	3336	3337	3338

N	E	N	E	P	E
3339	3340	3341	3342	3343	3344

N	E	P	E	N	E
3345	3346	3347	3348	3349	3350

N	E	N	E	N	E
3351	3352	3353	3354	3355	3356

N	E	P	E	P	E
3357	3358	3359	3360	3361	3362

N	E	N	E	N	E
3363	3364	3365	3366	3367	3368

N	E	P	E	P	E
3369	3370	3371	3372	3373	3374

N	E	N	E	N	E
3375	3376	3377	3378	3379	3380

N	E	N	E	N	E
3381	3382	3383	3384	3385	3386

N	E	P	E	P	E
3387	3388	3389	3390	3391	3392

N	E	N	E	N	E
3393	3394	3395	3396	3397	3398

N	E	N	E	N	E
3399	3400	3401	3402	3403	3404

N	E	P	E	N	E
3405	3406	3407	3408	3409	3410

N	E	P	E	N	E
3411	3412	3413	3414	3415	3416

N	E	N	E	N	E
3417	3418	3419	3420	3421	3422

N	E	N	E	N	E
3423	3424	3425	3426	3427	3428

N	E	N	E	P	E
3429	3430	3431	3432	3433	3434

N	E	N	E	N	E
3435	3436	3437	3438	3439	3440
N	E	N	E	N	E
3441	3442	3443	3444	3445	3446
N	E	P	E	N	E
3447	3448	3449	3450	3451	3452
N	E	N	E	P	E
3453	3454	3455	3456	3457	3458
N	E	P	E	P	E
3459	3460	3461	3462	3463	3464
N	E	P	E	P	E
3465	3466	3467	3468	3469	3470
N	E	N	E	N	E
3471	3472	3473	3474	3475	3476
N	E	N	E	N	E
3477	3478	3479	3480	3481	3482
N	E	N	E	N	E
3483	3484	3485	3486	3487	3488
N	E	P	E	N	E
3489	3490	3491	3492	3493	3494
N	E	N	E	P	E
3495	3496	3497	3498	3499	3500
N	E	N	E	N	E
3501	3502	3503	3504	3505	3506
N	E	N	E	P	E
3507	3508	3509	3510	3511	3512
N	E	N	E	P	E
3513	3514	3515	3516	3517	3518
N	E	N	E	N	E
3519	3520	3521	3522	3523	3524
N	E	P	E	P	E
3525	3526	3527	3528	3529	3530

N	E	P	E	N	E
3531	3532	3533	3534	3535	3536

N	E	P	E	P	E
3537	3538	3539	3540	3541	3542

N	E	N	E	P	E
3543	3544	3545	3546	3547	3548

N	E	N	E	N	E
3549	3550	3551	3552	3553	3554

N	E	P	E	P	E
3555	3556	3557	3558	3559	3560

N	E	N	E	N	E
3561	3562	3563	3564	3565	3566

N	E	N	E	P	E
3567	3568	3569	3570	3571	3572

N	E	N	E	N	E
3573	3574	3575	3576	3577	3578

N	E	P	E	P	E
3579	3580	3581	3582	3583	3584

N	E	N	E	N	E
3585	3586	3587	3588	3589	3590

N	E	P	E	N	E
3591	3592	3593	3594	3595	3596

N	E	N	E	N	E
3597	3598	3599	3600	3601	3602

N	E	N	E	P	E
3603	3604	3605	3606	3607	3608

N	E	N	E	P	E
3609	3610	3611	3612	3613	3614

N	E	P	E	N	E
3615	3616	3617	3618	3619	3620

N	E	P	E	N	E
3621	3622	3623	3624	3625	3626

N 3627	E 3628	N 3629	E 3630	P 3631	E 3632
N 3633	E 3634	N 3635	E 3636	P 3637	E 3638
N 3639	E 3640	N 3641	E 3642	P 3643	E 3644
N 3645	E 3646	N 3647	E 3648	N 3649	E 3650
N 3651	E 3652	N 3653	E 3654	N 3655	E 3656
N 3657	E 3658	P 3659	E 3660	N 3661	E 3662
N 3663	E 3664	N 3665	E 3666	N 3667	E 3668
N 3669	E 3670	P 3671	E 3672	P 3673	E 3674
N 3675	E 3676	P 3677	E 3678	N 3679	E 3680
N 3681	E 3682	N 3683	E 3684	N 3685	E 3686
N 3687	E 3688	N 3689	E 3690	P 3691	E 3692
N 3693	E 3694	N 3695	E 3696	P 3697	E 3698
N 3699	E 3700	N 3701	E 3702	N 3703	E 3704
N 3705	E 3706	N 3707	E 3708	P 3709	E 3710
N 3711	E 3712	N 3713	E 3714	N 3715	E 3716
N 3717	E 3718	P 3719	E 3720	N 3721	E 3722

N	E	N	E	P	E
3723	3724	3725	3726	3727	3728
N	E	N	E	P	E
3729	3730	3731	3732	3733	3734
N	E	N	E	P	E
3735	3736	3737	3738	3739	3740
N	E	N	E	N	E
3741	3742	3743	3744	3745	3746
N	E	N	E	N	E
3747	3748	3749	3750	3751	3752
N	E	N	E	N	E
3753	3754	3755	3756	3757	3758
N	E	P	E	N	E
3759	3760	3761	3762	3763	3764
N	E	P	E	P	E
3765	3766	3767	3768	3769	3770
N	E	N	E	N	E
3771	3772	3773	3774	3775	3776
N	E	P	E	N	E
3777	3778	3779	3780	3781	3782
N	E	N	E	N	E
3783	3784	3785	3786	3787	3788
N	E	N	E	P	E
3789	3790	3791	3792	3793	3794
N	E	P	E	N	E
3795	3796	3797	3798	3799	3800
N	E	P	E	N	E
3801	3802	3803	3804	3805	3806
N	E	N	E	N	E
3807	3808	3809	3810	3811	3812
N	E	N	E	N	E
3813	3814	3815	3816	3817	3818

N	N	P	E	P	E
3819	3820	3821	3822	3823	3824
N	E	N	E	N	E
3825	3826	3827	3828	3829	3830
N	E	P	E	N	E
3831	3832	3833	3834	3835	3836
N	E	N	E	N	E
3837	3838	3839	3840	3841	3842
N	E	N	E	P	E
3843	3844	3845	3846	3847	3848
N	E	P	E	P	E
3849	3850	3851	3852	3853	3854
N	E	N	E	N	E
3855	3856	3857	3858	3859	3860
N	E	P	E	N	E
3861	3862	3863	3864	3865	3866
N	E	N	E	N	E
3867	3868	3869	3870	3871	3872
N	E	N	E	P	E
3873	3874	3875	3876	3877	3878
N	E	P	E	N	E
3879	3880	3881	3882	3883	3884
N	E	N	E	P	E
3885	3886	3887	3888	3889	3890
N	E	N	E	N	E
3891	3892	3893	3894	3895	3896
N	E	N	E	N	E
3897	3898	3899	3900	3901	3902
N	E	N	E	P	E
3903	3904	3905	3906	3907	3908
N	E	P	E	N	E
3909	3910	3911	3912	3913	3914

N	E	P	E	P	E
3915	3916	3917	3918	3919	3920
N	E	P	E	N	E
3921	3922	3923	3924	3925	3926
N	E	P	E	P	E
3927	3928	3929	3930	3931	3932
N	E	N	E	N	E
3933	3934	3935	3936	3937	3938
N	E	N	E	P	E
3939	3940	3941	3942	3943	3944
N	E	P	E	N	E
3945	3946	3947	3948	3949	3950
N	E	N	E	N	E
3951	3952	3953	3954	3955	3956
N	E	N	E	N	E
3957	3958	3959	3960	3961	3962
N	E	N	E	P	E
3963	3964	3965	3966	3967	3968
N	E	N	E	N	E
3969	3970	3971	3972	3973	3974
N	E	N	E	N	E
3975	3976	3977	3978	3979	3980
N	E	N	E	N	E
3981	3982	3983	3984	3985	3986
N	E	P	E	N	E
3987	3988	3989	3990	3991	3992
N	E	N	E	N	E
3993	3994	3995	3996	3997	3998
N	E	P	E	P	E
3999	4000	4001	4002	4003	4004
N	E	P	E	N	E
4005	4006	4007	4008	4009	4010

N	E	P	E	N	E
4011	4012	4013	4014	4015	4016

N	E	P	E	P	E
4017	4018	4019	4020	4021	4022

N	E	N	E	P	E
4023	4024	4025	4026	4027	4028

N	E	N	E	N	E
4029	4030	4031	4032	4033	4034

N	E	N	E	N	E
4035	4036	4037	4038	4039	4040

N	E	N	E	N	E
4041	4042	4043	4044	4045	4046

N	E	P	E	P	E
4047	4048	4049	4050	4051	4052

N	E	N	E	P	E
4053	4054	4055	4056	4057	4058

N	E	N	E	N	E
4059	4060	4061	4062	4063	4064

N	E	N	E	N	E
4065	4066	4067	4068	4069	4070

N	E	P	E	N	E
4071	4072	4073	4074	4075	4076

N	E	P	E	N	E
4077	4078	4079	4080	4081	4082

N	E	N	E	N	E
4083	4084	4085	4086	4087	4088

N	E	P	E	P	E
4089	4090	4091	4092	4093	4094

N	E	N	E	P	E
4095	4096	4097	4098	4099	4100

N	E	N	E	N	E
4101	4102	4103	4104	4105	4106

N	E	N	E	P	E
4107	4108	4109	4110	4111	4112
N	E	N	E	N	E
4113	4114	4115	4116	4117	4118
N	E	N	E	N	E
4119	4120	4121	4122	4123	4124
N	E	P	E	P	E
4125	4126	4127	4128	4129	4130
N	E	P	E	N	E
4131	4132	4133	4134	4135	4136
N	E	P	E	N	E
4137	4138	4139	4140	4141	4142
N	E	N	E	N	E
4143	4144	4145	4146	4147	4148
N	E	N	E	P	E
4149	4150	4151	4152	4153	4154
N	E	P	E	P	E
4155	4156	4157	4158	4159	4160
N	E	N	E	N	E
4161	4162	4163	4164	4165	4166
N	E	N	E	N	E
4167	4168	4169	4170	4171	4172
N	E	N	E	P	E
4173	4174	4175	4176	4177	4178
N	E	N	E	N	E
4179	4180	4181	4182	4183	4184
N	E	N	E	N	E
4185	4186	4187	4188	4189	4190
N	E	N	E	N	E
4191	4192	4193	4194	4195	4196
N	E	N	E	P	E
4197	4198	4199	4200	4201	4202

N	E	N	E	N	E
4203	4204	4205	4206	4207	4208

N	E	P	E	N	E
4209	4210	4211	4212	4213	4214

N	E	P	E	P	E
4215	4216	4217	4218	4219	4220

N	E	N	E	N	E
4221	4222	4223	4224	4225	4226

N	E	P	E	P	E
4227	4228	4229	4230	4231	4232

N	E	N	E	N	E
4233	4234	4235	4236	4237	4238

N	E	P	E	P	E
4239	4240	4241	4242	4243	4244

N	E	N	E	N	E
4245	4246	4247	4248	4249	4250

N	E	P	E	N	E
4251	4252	4253	4254	4255	4256

N	E	P	E	P	E
4257	4258	4259	4260	4261	4262

N	E	N	E	N	E
4263	4264	4265	4266	4267	4268

N	E	P	E	P	E
4269	4270	4271	4272	4273	4274

N	E	N	E	N	E
4275	4276	4277	4278	4279	4280

N	E	P	E	N	E
4281	4282	4283	4284	4285	4286

N	E	P	E	N	E
4287	4288	4289	4290	4291	4292

N	E	N	E	P	E
4293	4294	4295	4296	4297	4298

N	E	N	E	N	E
4299	4300	4301	4302	4303	4304

N	E	N	E	N	E
4305	4306	4307	4308	4309	4310

N	E	N	E	N	E
4311	4312	4313	4314	4315	4316

N	E	N	E	N	E
4317	4318	4319	4320	4321	4322

N	E	N	E	P	E
4323	4324	4325	4326	4327	4328

N	E	N	E	N	E
4329	4330	4331	4332	4333	4334

N	E	P	E	P	E
4335	4336	4337	4338	4339	4340

N	E	N	E	N	E
4341	4342	4343	4344	4345	4346

N	E	P	E	N	E
4347	4348	4349	4350	4351	4352

N	E	N	E	P	E
4353	4354	4355	4356	4357	4358

N	E	N	E	P	E
4359	4360	4361	4362	4363	4364

N	E	N	E	N	E
4365	4366	4367	4368	4369	4370

N	E	P	E	N	E
4371	4372	4373	4374	4375	4376

N	E	N	E	N	E
4377	4378	4379	4380	4381	4382

N	E	N	E	N	E
4383	4384	4385	4386	4387	4388

N	E	P	E	N	E
4389	4390	4391	4392	4393	4394

N	E	P	E	N	E
4395	4396	4397	4398	4399	4400

N	E	N	E	N	E
4401	4402	4403	4404	4405	4406

N	E	P	E	N	E
4407	4408	4409	4410	4411	4412

N	E	N	E	N	E
4413	4414	4415	4416	4417	4418

N	E	P	E	P	E
4419	4420	4421	4422	4423	4424

N	E	N	E	N	E
4425	4426	4427	4428	4429	4430

N	E	N	E	N	E
4431	4432	4433	4434	4435	4436

N	E	N	E	P	E
4437	4438	4439	4440	4441	4442

N	E	N	E	P	E
4443	4444	4445	4446	4447	4448

N	E	P	E	N	E
4449	4450	4451	4452	4453	4454

N	E	P	E	N	E
4455	4456	4457	4458	4459	4460

N	E	P	E	N	E
4461	4462	4463	4464	4465	4466

N	E	N	E	N	E
4467	4468	4469	4470	4471	4472

N	E	N	E	N	E
4473	4474	4475	4476	4477	4478

N	E	P	E	P	E
4479	4480	4481	4482	4483	4484

N	E	N	E	N	E
4485	4486	4487	4488	4489	4490

N	E	P	E	N	E
4491	4492	4493	4494	4495	4496
N	E	N	E	N	E
4497	4498	4499	4500	4501	4502
N	E	N	E	P	E
4503	4504	4505	4506	4507	4508
N	E	N	E	P	E
4509	4510	4511	4512	4513	4514
N	E	P	E	P	E
4515	4516	4517	4518	4519	4520
N	E	P	E	N	E
4521	4522	4523	4524	4525	4526
N	E	N	E	N	E
4527	4528	4529	4530	4531	4532
N	E	N	E	N	E
4533	4534	4535	4536	4537	4538
N	E	N	E	N	E
4539	4540	4541	4542	4543	4544
N	E	P	E	P	E
4545	4546	4547	4548	4549	4550
N	E	N	E	N	E
4551	4552	4553	4554	4555	4556
N	E	N	E	P	E
4557	4558	4559	4560	4561	4562
N	E	N	E	P	E
4563	4564	4565	4566	4567	4568
N	E	N	E	N	E
4569	4570	4571	4572	4573	4574
N	E	N	E	N	E
4575	4576	4577	4578	4579	4580
N	E	P	E	N	E
4581	4582	4583	4584	4585	4586

N	E	N	E	P	E
4587	4588	4589	4590	4591	4592

N	E	N	E	P	E
4593	4594	4595	4596	4597	4598

N	E	N	E	P	E
4599	4600	4601	4602	4603	4604

N	E	N	E	N	E
4605	4606	4607	4608	4609	4610

N	E	N	E	N	E
4611	4612	4613	4614	4615	4616

N	E	N	E	P	E
4617	4618	4619	4620	4621	4622

N	E	N	E	N	E
4623	4624	4625	4626	4627	4628

N	E	N	E	N	E
4629	4630	4631	4632	4633	4634

N	E	P	E	P	E
4635	4636	4637	4638	4639	4640

N	E	P	E	N	E
4641	4642	4643	4644	4645	4646

N	E	P	E	P	E
4647	4648	4649	4650	4651	4652

N	E	N	E	P	E
4653	4654	4655	4656	4657	4658

N	E	N	E	P	E
4659	4660	4661	4662	4663	4664

N	E	N	E	N	E
4665	4666	4667	4668	4669	4670

N	E	P	E	N	E
4671	4672	4673	4674	4675	4676

N	E	P	E	N	E
4677	4678	4679	4680	4681	4682

N	E	N	E	N	E
4683	4684	4685	4686	4687	4688

N	E	P	E	N	E
4689	4690	4691	4692	4693	4694

N	E	N	E	N	E
4695	4696	4697	4698	4699	4700

N	E	P	E	N	E
4701	4702	4703	4704	4705	4706

N	E	N	E	N	E
4707	4708	4709	4710	4711	4712

N	E	N	E	N	E
4713	4714	4715	4716	4717	4718

N	E	P	E	P	E
4719	4720	4721	4722	4723	4724

N	E	N	E	P	E
4725	4726	4727	4728	4729	4730

N	E	P	E	N	E
4731	4732	4733	4734	4735	4736

N	E	N	E	N	E
4737	4738	4739	4740	4741	4742

N	E	N	E	N	E
4743	4744	4745	4746	4747	4748

N	E	P	E	N	E
4749	4750	4751	4752	4753	4754

N	E	N	E	P	E
4755	4756	4757	4758	4759	4760

N	E	N	E	N	E
4761	4762	4763	4764	4765	4766

N	E	N	E	N	E
4767	4768	4769	4770	4771	4772

N	E	N	E	N	E
4773	4774	4775	4776	4777	4778

N	E	N	E	P	E
4779	4780	4781	4782	4783	4784

N	E	P	E	P	E
4785	4786	4787	4788	4789	4790

N	E	P	E	N	E
4791	4792	4793	4794	4795	4796

N	E	P	E	P	E
4797	4798	4799	4800	4801	4802

N	E	N	E	N	E
4803	4804	4805	4806	4807	4808

N	E	N	E	P	E
4809	4810	4811	4812	4813	4814

N	E	P	E	N	E
4815	4816	4817	4818	4819	4820

N	E	N	E	N	E
4821	4822	4823	4824	4825	4826

N	E	N	E	P	E
4827	4828	4829	4830	4831	4832

N	E	N	E	N	E
4833	4834	4835	4836	4837	4838

N	E	N	E	N	E
4839	4840	4841	4842	4843	4844

N	E	N	E	N	E
4845	4846	4847	4848	4849	4850

N	E	N	E	N	E
4851	4852	4853	4854	4855	4856

N	E	N	E	P	E
4857	4858	4859	4860	4861	4862

N	E	N	E	N	E
4863	4864	4865	4866	4867	4868

N	E	P	E	N	E
4869	4870	4871	4872	4873	4874

N	E	P	E	N	E
4875	4876	4877	4878	4879	4880

N	E	N	E	N	E
4881	4882	4883	4884	4885	4886

N	E	P	E	N	E
4887	4888	4889	4890	4891	4892

N	E	N	E	N	E
4893	4894	4895	4896	4897	4898

N	E	N	E	P	E
4899	4900	4901	4902	4903	4904

N	E	N	E	P	E
4905	4906	4907	4908	4909	4910

N	E	N	E	N	E
4911	4912	4913	4914	4915	4916

N	E	P	E	N	E
4917	4918	4919	4920	4921	4922

N	E	N	E	N	E
4923	4924	4925	4926	4927	4928

N	E	P	E	P	E
4929	4930	4931	4932	4933	4934

N	E	P	E	N	E
4935	4936	4937	4938	4939	4940

N	E	P	E	N	E
4941	4942	4943	4944	4945	4946

N	E	N	E	P	E
4947	4948	4949	4950	4951	4952

N	E	N	E	P	E
4953	4954	4955	4956	4957	4958

N	E	N	E	N	E
4959	4960	4961	4962	4963	4964

N	E	P	E	P	E
4965	4966	4967	4968	4969	4970

N	E	P	E	N	E
4971	4972	4973	4974	4975	4976

N	E	N	E	N	E
4977	4978	4979	4980	4981	4982

N	E	N	E	P	E
4983	4984	4985	4986	4987	4988

N	E	N	E	P	E
4989	4990	4991	4992	4993	4994

N	E	N	E	P	E
4995	4996	4997	4998	4999	5000

N	E	P	E	N	E
5001	5002	5003	5004	5005	5006

N	E	P	E	P	E
5007	5008	5009	5010	5011	5012

N	E	N	E	N	E
5013	5014	5015	5016	5017	5018

N	E	P	E	P	E
5019	5020	5021	5022	5023	5024

N	E	N	E	N	E
5025	5026	5027	5028	5029	5030

N	E	N	E	N	E
5031	5032	5033	5034	5035	5036

N	E	P	E	N	E
5037	5038	5039	5040	5041	5042

N	E	N	E	N	E
5043	5044	5045	5046	5047	5048

N	E	P	E	N	E
5049	5050	5051	5052	5053	5054

N	E	N	E	P	E
5055	5056	5057	5058	5059	5060

N	E	N	E	N	E
5061	5062	5063	5064	5065	5066

N	E	N	E	N	E
5067	5068	5069	5070	5071	5072
N	E	N	E	P	E
5073	5074	5075	5076	5077	5078
N	E	P	E	N	E
5079	5080	5081	5082	5083	5084
N	E	P	E	N	E
5085	5086	5087	5088	5089	5090
N	E	N	E	N	E
5091	5092	5093	5094	5095	5096
N	E	P	E	P	E
5097	5098	5099	5100	5101	5102
N	E	N	E	P	E
5103	5104	5105	5106	5107	5108
N	E	N	E	P	E
5109	5110	5111	5112	5113	5114
N	E	N	E	P	E
5115	5116	5117	5118	5119	5120
N	E	N	E	N	E
5121	5122	5123	5124	5125	5126
N	E	N	E	N	E
5127	5128	5129	5130	5131	5132
N	E	N	E	N	E
5133	5134	5135	5136	5137	5138
N	E	N	E	N	E
5139	5140	5141	5142	5143	5144
N	E	P	E	N	E
5145	5146	5147	5148	5149	5150
N	E	P	E	N	E
5151	5152	5153	5154	5155	5156
N	E	N	E	N	E
5157	5158	5159	5160	5161	5162

N	E	N	E	P	E
5163	5164	5165	5166	5167	5168
N	E	P	E	E	E
5169	5170	5171	5172	5173	5174
N	E	N	E	P	E
5175	5176	5177	5178	5179	5180
N	E	N	E	N	E
5181	5182	5183	5184	5185	5186
N	E	P	E	N	E
5187	5188	5189	5190	5191	5192
N	E	N	E	P	E
5193	5194	5195	5196	5197	5198
N	E	N	E	N	E
5199	5200	5201	5202	5203	5204
N	E	N	E	P	E
5205	5206	5207	5208	5209	5210
N	E	N	E	N	E
5211	5212	5213	5214	5215	5216
N	E	N	E	N	E
5217	5218	5219	5220	5221	5222
N	E	N	E	P	E
5223	5224	5225	5226	5227	5228
N	E	P	E	P	E
5229	5230	5231	5232	5233	5234
N	E	P	E	N	E
5235	5236	5237	5238	5239	5240
N	E	N	E	N	E
5241	5242	5243	5244	5245	5246
N	E	N	E	N	E
5247	5248	5249	5250	5251	5252
N	E	N	E	N	E
5253	5254	5255	5256	5257	5258

N	E	P	E	N	E
5259	5260	5261	5262	5263	5264

N	E	N	E	N	E
5265	5266	5267	5268	5269	5270

N	E	P	E	N	E
5271	5272	5273	5274	5275	5276

N	E	P	E	P	E
5277	5278	5279	5280	5281	5282

N	E	N	E	N	E
5283	5284	5285	5286	5287	5288

N	E	N	E	N	E
5289	5290	5291	5292	5293	5294

N	E	P	E	N	E
5295	5296	5297	5298	5299	5300

N	E	P	E	N	E
5301	5302	5303	5304	5305	5306

N	E	P	E	N	E
5307	5308	5309	5310	5311	5312

N	E	N	E	N	E
5313	5314	5315	5316	5317	5318

N	E	N	E	P	E
5319	5320	5321	5322	5323	5324

N	E	N	E	N	E
5325	5326	5327	5328	5329	5330

N	E	P	E	N	E
5331	5332	5333	5334	5335	5336

N	E	N	E	N	E
5337	5338	5339	5340	5341	5342

N	E	N	E	P	E
5343	5344	5345	5346	5347	5348

N	E	P	E	N	E
5349	5350	5351	5352	5353	5354

N	E	N	E	N	E
5355	5356	5357	5358	5359	5360

N	E	N	E	N	E
5361	5362	5363	5364	5365	5366

N	E	N	E	N	E
5367	5368	5369	5370	5371	5372

N	E	N	E	N	E
5373	5374	5375	5376	5377	5378

N	E	P	E	N	E
5379	5380	5381	5382	5383	5384

N	E	P	E	N	E
5385	5386	5387	5388	5389	5390

N	E	P	E	N	E
5391	5392	5393	5394	5395	5396

N	E	P	E	N	E
5397	5398	5399	5400	5401	5402

N	E	N	E	P	E
5403	5404	5405	5406	5407	5408

N	E	N	E	P	E
5409	5410	5411	5412	5413	5414

N	E	P	E	P	E
5415	5416	5417	5418	5419	5420

N	E	N	E	N	E
5421	5422	5423	5424	5425	5426

N	E	N	E	P	E
5427	5428	5429	5430	5431	5432

N	E	N	E	P	E
5433	5434	5435	5436	5437	5438

N	E	P	E	P	E
5439	5440	5441	5442	5443	5444

N	E	N	E	P	E
5445	5446	5447	5448	5449	5450

N	E	N	E	N	E
5451	5452	5453	5454	5455	5456

N	E	N	E	N	E
5457	5458	5459	5460	5461	5462

N	E	N	E	N	E
5463	5464	5465	5466	5467	5468

N	E	P	E	N	E
5469	5470	5471	5472	5473	5474

N	E	P	E	P	E
5475	5476	5477	5478	5479	5480

N	E	P	E	N	E
5481	5482	5483	5484	5485	5486

N	E	N	E	N	E
5487	5488	5489	5490	5491	5492

N	E	N	E	N	E
5493	5494	5495	5496	5497	5498

N	E	P	E	P	E
5499	5500	5501	5502	5503	5504

N	E	P	E	N	E
5505	5506	5507	5508	5509	5510

N	E	N	E	N	E
5511	5512	5513	5514	5515	5516

N	E	P	E	P	E
5517	5518	5519	5520	5521	5522

N	E	N	E	P	E
5523	5524	5525	5526	5527	5528

N	E	P	E	N	E
5529	5530	5531	5532	5533	5534

N	E	N	E	N	E
5535	5536	5537	5538	5539	5540

N	E	N	E	N	E
5541	5542	5543	5544	5545	5546

N	E	N	E	N	E
5547	5548	5549	5550	5551	5552

N	E	N	E	P	E
5553	5554	5555	5556	5557	5558

N	E	N	E	P	E
5559	5560	5561	5562	5563	5564

N	E	N	E	P	E
5565	5566	5567	5568	5569	5570

N	E	P	E	N	E
5571	5572	5573	5574	5575	5576

N	E	N	E	P	E
5577	5578	5579	5580	5581	5582

N	E	N	E	N	E
5583	5584	5585	5586	5587	5588

N	E	P	E	N	E
5589	5590	5591	5592	5593	5594

N	E	N	E	N	E
5595	5596	5597	5598	5599	5600

N	E	N	E	N	E
5601	5602	5603	5604	5605	5606

N	E	N	E	N	E
5607	5608	5609	5610	5611	5612

N	E	N	E	N	E
5613	5614	5615	5616	5617	5618

N	E	N	E	P	E
5619	5620	5621	5622	5623	5624

N	E	N	E	N	E
5625	5626	5627	5628	5629	5630

N	E	N	E	N	E
5631	5632	5633	5634	5635	5636

N	E	P	E	P	E
5637	5638	5639	5640	5641	5642

N	E	N	E	P	E
5643	5644	5645	5646	5647	5648

N	E	P	E	P	E
5649	5650	5651	5652	5653	5654

N	E	P	E	P	E
5655	5656	5657	5658	5659	5660

N	E	N	E	N	E
5661	5662	5663	5664	5665	5666

N	E	P	E	N	E
5667	5668	5669	5670	5671	5672

N	E	N	E	N	E
5673	5674	5675	5676	5677	5678

N	E	N	E	P	E
5679	5680	5681	5682	5683	5684

N	E	N	E	P	E
5685	5686	5687	5688	5689	5690

N	E	P	E	N	E
5691	5692	5693	5694	5695	5696

N	E	N	E	P	E
5697	5698	5699	5700	5701	5702

N	E	N	E	N	E
5703	5704	5705	5706	5707	5708

N	E	P	E	N	E
5709	5710	5711	5712	5713	5714

N	E	P	E	N	E
5715	5716	5717	5718	5719	5720

N	E	N	E	N	E
5721	5722	5723	5724	5725	5726

N	E	N	E	N	E
5727	5728	5729	5730	5731	5732

N	E	N	E	P	E
5733	5734	5735	5736	5737	5738

N	E	P	E	P	E
5739	5740	5741	5742	5743	5744

N	E	E	E	P	E
5745	5746	5747	5748	5749	5750

N	E	N	E	N	E
5751	5752	5753	5754	5755	5756

N	E	N	E	N	E
5757	5758	5759	5760	5761	5762

N	E	N	E	N	E
5763	5764	5765	5766	5767	5768

N	E	N	E	N	E
5769	5770	5771	5772	5773	5774

N	E	N	E	P	E
5775	5776	5777	5778	5779	5780

N	E	P	E	N	E
5781	5782	5783	5784	5785	5786

N	E	N	E	P	E
5787	5788	5789	5790	5791	5792

N	E	N	E	N	E
5793	5794	5795	5796	5797	5798

N	E	P	E	N	E
5799	5800	5801	5802	5803	5804

N	E	P	E	N	E
5805	5806	5807	5808	5809	5810

N	E	P	E	N	E
5811	5812	5813	5814	5815	5816

N	E	N	E	P	E
5817	5818	5819	5820	5821	5822

N	E	N	E	P	E
5823	5824	5825	5826	5827	5828

N	E	N	E	N	E
5829	5830	5831	5832	5833	5834

N	E	N	E	P	E
5835	5836	5837	5838	5839	5840

N	E	P	E	N	E
5841	5842	5843	5844	5845	5846

N	E	P	E	P	E
5847	5848	5849	5850	5851	5852

N	E	N	E	P	E
5853	5854	5855	5856	5857	5858

N	E	P	E	N	E
5859	5860	5861	5862	5863	5864

N	E	P	E	P	E
5865	5866	5867	5868	5869	5870

N	E	N	E	N	E
5871	5872	5873	5874	5875	5876

N	E	P	E	P	E
5877	5878	5879	5880	5881	5882

N	E	N	E	N	E
5883	5884	5885	5886	5887	5888

N	E	N	E	N	E
5889	5890	5891	5892	5893	5894

N	E	P	E	N	E
5895	5896	5897	5898	5899	5900

N	E	P	E	N	E
5901	5902	5903	5904	5905	5906

N	E	N	E	N	E
5907	5908	5909	5910	5911	5912

N	E	N	E	N	E
5913	5914	5915	5916	5917	5918

N	E	N	E	P	E
5919	5920	5921	5922	5923	5924

N	E	P	E	N	E
5925	5926	5927	5928	5929	5930

N	E	N	E	N	E
5931	5932	5933	5934	5935	5936

N	E	P	E	N	E
5937	5938	5939	5940	5941	5942

N	E	N	E	N	E
5943	5944	5945	5946	5947	5948

N	E	N	E	P	E
5949	5950	5951	5952	5953	5954

N	E	N	E	N	E
5955	5956	5957	5958	5959	5960

N	E	N	E	N	E
5961	5962	5963	5964	5965	5966

N	E	N	E	N	E
5967	5968	5969	5970	5971	5972

N	E	N	E	N	E
5973	5974	5975	5976	5977	5978

N	E	P	E	N	E
5979	5980	5981	5982	5983	5984

N	E	P	E	N	E
5985	5986	5987	5988	5989	5990

N	E	N	E	N	E
5991	5992	5993	5994	5995	5996

N	E	N	E	N	E
5997	5998	5999	6000	6001	6002

N	E	N	E	P	E
6003	6004	6005	6006	6007	6008

N	E	P	E	N	E
6009	6010	6011	6012	6013	6014

N	E	N	E	N	E
6015	6016	6017	6018	6019	6020

N	E	N	E	N	E
6021	6022	6023	6024	6025	6026

N	E	P	E	N	E
6027	6028	6029	6030	6031	6032

N	E	N	E	P	E
6033	6034	6035	6036	6037	6038

N	E	N	E	P	E
6039	6040	6041	6042	6043	6044

N	E	P	E	N	E
6045	6046	6047	6048	6049	6050

N	E	P	E	N	E
6051	6052	6053	6054	6055	6056

N	E	N	E	N	E
6057	6058	6059	6060	6061	˙6062

N	E	N	E	P	E
6063	6064	6065	6066	6067	6068

N	E	N	E	P	E
6069	6070	6071	6072	6073	6074

N	E	N	E	P	E
6075	6076	6077	6078	6079	6080

N	E	N	E	N	E
6081	6082	6083	6084	6085	6086

N	E	P	E	P	E
6087	6088	6089	6090	6091	6092

N	E	N	E	N	E
6093	6094	6095	6096	6097	6098

N	E	P	E	N	E
6099	6100	6101	6102	6103	6104

N	E	N	E	N	E
6105	6106	6107	6108	6109	6110

N	E	P	E	N	E
6111	6112	6113	6114	6115	6116

N	E	N	E	P	E
6117	6118	6119	6120	6121	6122

N	E	N	E	N	E
6123	6124	6125	6126	6127	6128

N	E	P	E	P	E
6129	6130	6131	6132	6133	6134

N	E	N	E	N	E
6135	6136	6137	6138	6139	6140

N	E	P	E	N	E
6141	6142	6143	6144	6145	6146

N	E	N	E	P	E
6147	6148	6149	6150	6151	6152

N	E	N	E	N	E
6153	6154	6155	6156	6157	6158

N	E	N	E	P	E
6159	6160	6161	6162	6163	6164

N	E	N	E	N	E
6165	6166	6167	6168	6169	6170

N	E	P	E	N	E
6171	6172	6173	6174	6175	6176

N	E	N	E	N	E
6177	6178	6179	6180	6181	6182

N	E	N	E	N	E
6183	6184	6185	6186	6187	6188

N	E	N	E	N	E
6189	6190	6191	6192	6193	6194

N	E	P	E	P	E
6195	6196	6197	6198	6199	6200

N	E	P	E	N	E
6201	6202	6203	6204	6205	6206

N	E	N	E	P	E
6207	6208	6209	6210	6211	6212

N	E	N	E	P	E
6213	6214	6215	6216	6217	6218

N	E	P	E	N	E
6219	6220	6221	6222	6223	6224
N	E	N	E	P	E
6225	6226	6227	6228	6229	6230
N	E	N	E	N	E
6231	6232	6233	6234	6235	6236
N	E	N	E	N	E
6237	6238	6239	6240	6241	6242
N	E	N	E	P	E
6243	6244	6245	6246	6247	6248
N	E	N	E	N	E
6249	6250	6251	6252	6253	6254
N	E	P	E	N	E
6255	6256	6257	6258	6259	6260
N	E	P	E	N	E
6261	6262	6263	6264	6265	6266
N	E	P	E	P	E
6267	6268	6269	6270	6271	6272
N	E	N	E	P	E
6273	6274	6275	6276	6277	6278
N	E	N	E	N	E
6279	6280	6281	6282	6283	6284
N	E	P	E	N	E
6285	6286	6287	6288	6289	6290
N	E	N	E	N	E
6291	6292	6293	6294	6295	6296
N	E	P	E	P	E
6297	6298	6299	6300	6301	6302
N	E	N	E	N	E
6303	6304	6305	6306	6307	6308
N	E	P	E	N	E
6309	6310	6311	6312	6313	6314

N	E	P	E	N	E
6315	6316	6317	6318	6319	6320

N	E	P	E	N	E
6321	6322	6323	6324	6325	6326

N	E	P	E	N	E
6327	6328	6329	6330	6331	6332

N	E	N	E	P	E
6333	6334	6335	6336	6337	6338

N	E	N	E	P	E
6339	6340	6341	6342	6343	6344

N	E	N	E	N	E
6345	6346	6347	6348	6349	6350

N	E	P	E	N	E
6351	6352	6353	6354	6355	6356

N	E	P	E	P	E
6357	6358	6359	6360	6361	6362

N	E	N	E	P	E
6363	6364	6365	6366	6367	6368

N	E	N	E	P	E
6369	6370	6371	6372	6373	6374

N	E	N	E	P	E
6375	6376	6377	6378	6379	6380

N	E	N	E	N	E
6381	6382	6383	6384	6385	6386

N	E	P	E	N	E
6387	6388	6389	6390	6391	6392

N	E	N	E	P	E
6393	6394	6395	6396	6397	6398

N	E	N	E	N	E
6399	6400	6401	6402	6403	6404

N	E	N	E	N	E
6405	6406	6407	6408	6409	6410

N	E	N	E	N	E
6411	6412	6413	6414	6415	6416
N	E	N	E	P	E
6417	6418	6419	6420	6421	6422
N	E	N	E	P	E
6423	6424	6425	6426	6427	6428
N	E	N	E	N	E
6429	6430	6431	6432	6433	6434
N	E	N	E	N	E
6435	6436	6437	6438	6439	6440
N	E	N	E	N	E
6441	6442	6443	6444	6445	6446
N	E	P	E	P	E
6447	6448	6449	6450	6451	6452
N	E	N	E	N	E
6453	6454	6455	6456	6457	6458
N	E	N	E	N	E
6459	6460	6461	6462	6463	6464
N	E	N	E	P	E
6465	6466	6467	6468	6469	6470
N	E	P	E	N	E
6471	6472	6473	6474	6475	6476
N	E	N	E	P	E
6477	6478	6479	6480	6481	6482
N	E	N	E	N	E
6483	6484	6485	6486	6487	6488
N	E	P	E	N	E
6489	6490	6491	6492	6493	6494
N	E	N	E	N	E
6495	6496	6497	6498	6499	6500
N	E	N	E	N	E
6501	6502	6503	6504	6505	6506

N	E	N	E	N	E
6507	6508	6509	6510	6511	6512

N	E	N	E	N	E
6513	6514	6515	6516	6517	6518

N	E	P	E	N	E
6519	6520	6521	6522	6523	6524

N	E	N	E	P	E
6525	6526	6527	6528	6529	6530

N	E	N	E	N	E
6531	6532	6533	6534	6535	6536

N	E	N	E	N	E
6537	6538	6539	6540	6541	6542

N	E	N	E	P	E
6543	6544	6545	6546	6547	6548

N	E	P	E	P	E
6549	6550	6551	6552	6553	6554

N	E	N	E	N	E
6555	6556	6557	6558	6559	6560

N	E	P	E	N	E
6561	6562	6563	6564	6565	6566

N	E	P	E	P	E
6567	6568	6569	6570	6571	6572

N	E	N	E	P	E
6573	6574	6575	6576	6577	6578

N	E	P	E	N	E
6579	6580	6581	6582	6583	6584

N	E	N	E	N	E
6585	6586	6587	6588	6589	6590

N	E	N	E	N	E
6591	6592	6593	6594	6595	6596

N	E	P	E	N	E
6597	6598	6599	6600	6601	6602

N	E	N	E	P	E
6603	6604	6605	6606	6607	6608

N	E	N	E	N	E
6609	6610	6611	6612	6613	6614

N	E	N	E	P	E
6615	6616	6617	6618	6619	6620

N	E	N	E	N	E
6621	6622	6623	6624	6625	6626

N	E	N	E	N	E
6627	6628	6629	6630	6631	6632

N	E	N	E	P	E
6633	6634	6635	6636	6637	6638

N	E	N	E	N	E
6639	6640	6641	6642	6643	6644

N	E	N	E	N	E
6645	6646	6647	6648	6649	6650

N	E	P	E	N	E
6651	6652	6653	6654	6655	6656

N	E	P	E	P	E
6657	6658	6659	6660	6661	6662

N	E	N	E	N	E
6663	6664	6665	6666	6667	6668

N	E	N	E	P	E
6669	6670	6671	6672	6673	6674

N	E	N	E	P	E
6675	6676	6677	6678	6679	6680

N	E	N	E	N	E
6681	6682	6683	6684	6685	6686

N	E	P	E	P	E
6687	6688	6689	6690	6691	6692

N	E	N	E	N	E
6693	6694	6695	6696	6697	6698

N	E	P	E	P	E
6699	6700	6701	6702	6703	6704

N	E	N	E	P	E
6705	6706	6707	6708	6709	6710

N	E	N	E	N	E
6711	6712	6713	6714	6715	6716

N	E	P	E	N	E
6717	6718	6719	6720	6721	6722

N	E	N	E	N	E
6723	6724	6725	6726	6727	6728

N	E	N	E	P	E
6729	6730	6731	6732	6733	6734

N	E	P	E	N	E
6735	6736	6737	6738	6739	6740

N	E	N	E	N	E
6741	6742	6743	6744	6745	6746

N	E	N	E	N	E
6747	6748	6749	6750	6751	6752

N	E	N	E	N	E
6753	6754	6755	6756	6757	6758

N	E	P	E	P	E
6759	6760	6761	6762	6763	6764

N	E	N	E	N	E
6765	6766	6767	6768	6769	6770

N	E	N	E	N	E
6771	6772	6773	6774	6775	6776

N	E	P	E	P	E
6777	6778	6779	6780	6781	6782

N	E	N	E	N	E
6783	6784	6785	6786	6787	6788

N	E	P	E	P	E
6789	6790	6791	6792	6793	6794

N	E	N	E	N	E
6795	6796	6797	6798	6799	6800

N	E	P	E	N	E
6801	6802	6803	6804	6805	6806

N	E	N	E	N	E
6807	6808	6809	6810	6811	6812

N	E	N	E	N	E
6813	6814	6815	6816	6817	6818

N	E	N	E	P	E
6819	6820	6821	6822	6823	6824

N	E	P	E	P	E
6825	6826	6827	6828	6829	6830

N	E	P	E	N	E
6831	6832	6833	6834	6835	6836

N	E	N	E	P	E
6837	6838	6839	6840	6841	6842

N	E	N	E	N	E
6843	6844	6845	6846	6847	6848

N	E	N	E	N	E
6849	6850	6851	6852	6853	6854

N	E	P	E	N	E
6855	6856	6857	6858	6859	6860

N	E	P	E	N	E
6861	6862	6863	6864	6865	6866

N	E	P	E	P	E
6867	6868	6869	6870	6871	6872

N	E	N	E	N	E
6873	6874	6875	6876	6877	6878

N	E	N	E	P	E
6879	6880	6881	6882	6883	6884

N	E	N	E	N	E
6885	6886	6887	6888	6889	6890

N	E	N	E	N	E
6891	6892	6893	6894	6895	6896

N	E	P	E	N	E
6897	6898	6899	6900	6901	6902

N	E	N	E	P	E
6903	6904	6905	6906	6907	6908

N	E	P	E	N	E
6909	6910	6911	6912	6913	6914

N	E	P	E	N	E
6915	6916	6917	6918	6919	6920

N	E	N	E	N	E
6921	6922	6923	6924	6925	6926

N	E	N	E	N	E
6927	6928	6929	6930	6931	6932

N	E	N	E	N	E
6933	6934	6935	6936	6937	6938

N	E	N	E	N	E
6939	6940	6941	6942	6943	6944

N	E	P	E	P	E
6945	6946	6947	6948	6949	6950

N	E	N	E	N	E
6951	6952	6953	6954	6955	6956

N	E	P	E	P	E
6957	6958	6959	6960	6961	6962

N	E	N	E	P	E
6963	6964	6965	6966	6967	6968

N	E	P	E	N	E
6969	6970	6971	6972	6973	6974

N	E	P	E	N	E
6975	6976	6977	6978	6979	6980

N	E	P	E	N	E
6981	6982	6983	6984	6985	6986

N	E	N	E	P	E
6987	6988	6989	6990	6991	6992
N	E	N	E	P	E
6993	6994	6995	6996	6997	6998
N	E	P	E	N	E
6999	7000	7001	7002	7003	7004
N	E	N	E	N	E
7005	7006	7007	7008	7009	7010
N	E	P	E	N	E
7011	7012	7013	7014	7015	7016
N	E	P	E	N	E
7017	7018	7019	7020	7021	7022
N	E	N	E	P	E
7023	7024	7025	7026	7027	7028
N	E	N	E	N	E
7029	7030	7031	7032	7033	7034
N	E	N	E	P	E
7035	7036	7037	7038	7039	7040
N	E	P	E	N	E
7041	7042	7043	7044	7045	7046
N	E	N	E	N	E
7047	7048	7049	7050	7051	7052
N	E	N	E	P	E
7053	7054	7055	7056	7057	7058
N	E	N	E	N	E
7059	7060	7061	7062	7063	7064
N	E	N	E	P	E
7065	7066	7067	7068	7069	7070
N	E	N	E	N	E
7071	7072	7073	7074	7075	7076
N	E	P	E	N	E
7077	7078	7079	7080	7081	7082

N	E	N	E	N	E
7083	7084	7085	7086	7087	7088

N	E	N	E	N	E
7089	7090	7091	7092	7093	7094

N	E	N	E	N	E
7095	7096	7097	7098	7099	7100

N	E	P	E	N	E
7101	7102	7103	7104	7105	7106

N	E	P	E	N	E
7107	7108	7109	7110	7111	7112

N	E	N	E	N	E
7113	7114	7115	7116	7117	7118

N	E	P	E	N	E
7119	7120	7121	7122	7123	7124

N	E	P	E	P	E
7125	7126	7127	7128	7129	7130

N	E	N	E	N	E
7131	7132	7133	7134	7135	7136

N	E	N	E	N	E
7137	7138	7139	7140	7141	7142

N	E	N	E	N	E
7143	7144	7145	7146	7147	7148

N	E	P	E	N	E
7149	7150	7151	7152	7153	7154

N	E	N	E	P	E
7155	7156	7157	7158	7159	7160

N	E	N	E	N	E
7161	7162	7163	7164	7165	7166

N	E	N	E	N	E
7167	7168	7169	7170	7171	7172

N	E	N	E	P	E
7173	7174	7175	7176	7177	7178

N	E	N	E	N	E
7179	7180	7181	7182	7183	7184

N	E	P	E	N	E
7185	7186	7187	7188	7189	7190

N	E	P	E	N	E
7191	7192	7193	7194	7195	7196

N	E	N	E	N	E
7197	7198	7199	7200	7201	7202

N	E	N	E	P	E
7203	7204	7205	7206	7207	7208

N	E	P	E	P	E
7209	7210	7211	7212	7213	7214

N	E	N	E	P	E
7215	7216	7217	7218	7219	7220

N	E	N	E	N	E
7221	7222	7223	7224	7225	7226

N	E	P	E	N	E
7227	7228	7229	7230	7231	7232

N	E	N	E	P	E
7233	7234	7235	7236	7237	7238

N	E	N	E	N	E
7239	7240	7241	7242	7243	7244

N	E	P	E	N	E
7245	7246	7247	7248	7249	7250

N	E	P	E	N	E
7251	7252	7253	7254	7255	7256

N	E	N	E	N	E
7257	7258	7259	7260	7261	7262

N	E	N	E	N	E
7263	7264	7265	7266	7267	7268

N	E	N	E	N	E
7269	7270	7271	7272	7273	7274

N	E	N	E	N	E
7275	7276	7277	7278	7279	7280

N	E	P	E	N	E
7281	7282	7283	7284	7285	7286

N	E	N	E	N	E
7287	7288	7289	7290	7291	7292

N	E	N	E	P	E
7293	7294	7295	7296	7297	7298

N	E	N	E	N	E
7299	7300	7301	7302	7303	7304

N	E	P	E	P	E
7305	7306	7307	7308	7309	7310

N	E	N	E	N	E
7311	7312	7313	7314	7315	7316

N	E	N	E	P	E
7317	7318	7319	7320	7321	7322

N	E	N	E	N	E
7323	7324	7325	7326	7327	7328

N	E	P	E	P	E
7329	7330	7331	7332	7333	7334

N	E	N	E	N	E
7335	7336	7337	7338	7339	7340

N	E	N	E	N	E
7341	7342	7343	7344	7345	7346

N	E	P	E	P	E
7347	7348	7349	7350	7351	7352

N	E	N	E	N	E
7353	7354	7355	7356	7357	7358

N	E	N	E	N	E
7359	7360	7361	7362	7363	7364

N	E	N	E	P	E
7365	7366	7367	7368	7369	7370

N	E	N	E	N	E
7371	7372	7373	7374	7375	7376
N	E	N	E	N	E
7377	7378	7379	7380	7381	7382
N	E	N	E	N	E
7383	7384	7385	7386	7387	7388
N	E	N	E	P	E
7389	7390	7391	7392	7393	7394
N	E	N	E	N	E
7395	7396	7397	7398	7399	7400
N	E	N	E	N	E
7401	7402	7403	7404	7405	7406
N	E	N	E	P	E
7407	7408	7409	7410	7411	7412
N	E	N	E	P	E
7413	7414	7415	7416	7417	7418
N	E	N	E	N	E
7419	7420	7421	7422	7423	7424
N	E	N	E	N	E
7425	7426	7427	7428	7429	7430
N	E	P	E	N	E
7431	7432	7433	7434	7435	7436
N	E	N	E	N	E
7437	7438	7439	7440	7441	7442
N	E	N	E	N	E
7443	7444	7445	7446	7447	7448
N	E	P	E	N	E
7449	7450	7451	7452	7453	7454
N	E	P	E	P	E
7455	7456	7457	7458	7459	7460
N	E	N	E	N	E
7461	7462	7463	7464	7465	7466

N	E	N	E	N	E
7467	7468	7469	7470	7471	7472

N	E	N	E	P	E
7473	7474	7475	7476	7477	7478

N	E	P	E	N	E
7479	7480	7481	7482	7483	7484

N	E	P	E	P	E
7485	7486	7487	7488	7489	7490

N	E	N	E	N	E
7491	7492	7493	7494	7495	7496

N	E	P	E	N	E
7497	7498	7499	7500	7501	7502

N	E	N	E	P	E
7503	7504	7505	7506	7507	7508

N	E	N	E	N	E
7509	7510	7511	7512	7513	7514

N	E	P	E	N	E
7515	7516	7517	7518	7519	7520

N	E	P	E	N	E
7521	7522	7523	7524	7525	7526

N	E	P	E	N	E
7527	7528	7529	7530	7531	7532

N	E	N	E	P	E
7533	7534	7535	7536	7537	7538

N	E	P	E	N	E
7539	7540	7541	7542	7543	7544

N	E	P	E	P	E
7545	7546	7547	7548	7549	7550

N	E	N	E	N	E
7551	7552	7553	7554	7555	7556

N	E	P	E	P	E
7557	7558	7559	7560	7561	7562

N	E	N	E	N	E
7563	7564	7565	7566	7567	7568

N	E	N	E	P	E
7569	7570	7571	7572	7573	7574

N	E	P	E	N	E
7575	7576	7577	7578	7579	7580

N	E	P	E	N	E
7581	7582	7583	7584	7585	7586

N	E	P	E	N	E
7587	7588	7589	7590	7591	7592

N	E	N	E	N	E
7593	7594	7595	7596	7597	7598

N	E	N	E	P	E
7599	7600	7601	7602	7603	7604

N	E	P	E	N	E
7605	7606	7607	7608	7609	7610

N	E	N	E	N	E
7611	7612	7613	7614	7615	7616

N	E	N	E	P	E
7617	7618	7619	7620	7621	7622

N	E	N	E	N	E
7623	7624	7625	7626	7627	7628

N	E	N	E	N	E
7629	7630	7631	7632	7633	7634

N	E	N	E	P	E
7635	7636	7637	7638	7639	7640

N	E	P	E	N	E
7641	7642	7643	7644	7645	7646

N	E	P	E	N	E
7647	7648	7649	7650	7651	7652

N	E	N	E	N	E
7653	7654	7655	7656	7657	7658

N	E	N	E	N	E
7659	7660	7661	7662	7663	7664
N	E	N	E	P	E
7665	7666	7667	7668	7669	7670
N	E	P	E	N	E
7671	7672	7673	7674	7675	7676
N	E	N	E	P	E
7677	7678	7679	7680	7681	7682
N	E	N	E	P	E
7683	7684	7685	7686	7687	7688
N	E	P	E	N	E
7689	7690	7691	7692	7693	7694
N	E	N	E	P	E
7695	7696	7697	7698	7699	7700
N	E	P	E	N	E
7701	7702	7703	7704	7705	7706
N	E	N	E	N	E
7707	7708	7709	7710	7711	7712
N	E	N	E	P	E
7713	7714	7715	7716	7717	7718
N	E	N	E	N	E
7719	7720	7721	7722	7723	7724
N	E	N	E	N	E
7725	7726	7727	7728	7729	7730
N	E	N	E	N	E
7731	7732	7733	7734	7735	7736
N	E	N	E	P	E
7737	7738	7739	7740	7741	7742
N	E	N	E	N	E
7743	7744	7745	7746	7747	7748
N	E	N	E	P	E
7749	7750	7751	7752	7753	7754

N	E	P	E	P	E
7755	7756	7757	7758	7759	7760

N	E	N	E	N	E
7761	7762	7763	7764	7765	7766

N	E	N	E	N	E
7767	7768	7769	7770	7771	7772

N	E	N	E	N	E
7773	7774	7775	7776	7777	7778

N	E	N	E	N	E
7779	7780	7781	7782	7783	7784

N	E	N	E	P	E
7785	7786	7787	7788	7789	7790

N	E	P	E	N	E
7791	7792	7793	7794	7795	7796

N	E	N	E	N	E
7797	7798	7799	7800	7801	7802

N	E	N	E	N	E
7803	7804	7805	7806	7807	7808

N	E	N	E	N	E
7809	7810	7811	7812	7813	7814

N	E	P	E	N	E
7815	7816	7817	7818	7819	7820

N	E	P	E	N	E
7821	7822	7823	7824	7825	7826

N	E	P	E	N	E
7827	7828	7829	7830	7831	7832

N	E	N	E	N	E
7833	7834	7835	7836	7837	7838

N	E	P	E	N	E
7839	7840	7841	7842	7843	7844

N	E	N	E	N	E
7845	7846	7847	7848	7849	7850

N	E	P	E	N	E
7851	7852	7853	7854	7855	7856

N	E	N	E	N	E
7857	7858	7859	7860	7861	7862

N	E	N	E	P	E
7863	7864	7865	7866	7867	7868

N	E	N	E	P	E
7869	7870	7871	7872	7873	7874

N	E	P	E	P	E
7875	7876	7877	7878	7879	7880

N	E	P	E	N	E
7881	7882	7883	7884	7885	7886

N	E	N	E	N	E
7887	7888	7889	7890	7891	7892

N	E	N	E	N	E
7893	7894	7895	7896	7897	7898

N	E	P	E	N	E
7899	7900	7901	7902	7903	7904

N	E	P	E	N	E
7905	7906	7907	7908	7909	7910

N	E	N	E	N	E
7911	7912	7913	7914	7915	7916

N	E	P	E	N	E
7917	7918	7919	7920	7921	7922

N	E	N	E	P	E
7923	7924	7925	7926	7927	7928

N	E	N	E	P	E
7929	7930	7931	7932	7933	7934

N	E	N	E	N	E
7935	7936	7937	7938	7939	7940

N	E	N	E	N	E
7941	7942	7943	7944	7945	7946

N	E	P	E	P	E
7947	7948	7949	7950	7951	7952
N	E	N	E	N	E
7953	7954	7955	7956	7957	7958
N	E	N	E	P	E
7959	7960	7961	7962	7963	7964
N	E	N	E	N	E
7965	7966	7967	7968	7969	7970
N	E	N	E	N	E
7971	7972	7973	7974	7975	7976
N	E	N	E	N	E
7977	7978	7979	7980	7981	7982
N	E	N	E	N	E
7983	7984	7985	7986	7987	7988
N	E	N	E	P	E
7989	7990	7991	7992	7993	7994
N	E	N	E	N	E
7995	7996	7997	7998	7999	8000
N	E	N	E	N	E
8001	8002	8003	8004	8005	8006
N	E	P	E	P	E
8007	8008	8009	8010	8011	8012
N	E	N	E	P	E
8013	8014	8015	8016	8017	8018
N	E	N	E	N	E
8019	8020	8021	8022	8023	8024
N	E	N	E	N	E
8025	8026	8027	8028	8029	8030
N	E	N	E	N	E
8031	8032	8033	8034	8035	8036
N	E	P	E	N	E
8037	8038	8039	8040	8041	8042

N	E	N	E	N	E
8043	8044	8045	8046	8047	8048
N	E	N	E	P	E
8049	8050	8051	8052	8053	8054
N	E	N	E	P	E
8055	8056	8057	8058	8059	8060
N	E	N	E	N	E
8061	8062	8063	8064	8065	8066
N	E	P	E	N	E
8067	8068	8069	8070	8071	8072
N	E	N	E	N	E
8073	8074	8075	8076	8077	8078
N	E	P	E	N	E
8079	8080	8081	8082	8083	8084
N	E	P	E	P	E
8085	8086	8087	8088	8089	8090
N	E	P	E	N	E
8091	8092	8093	8094	8095	8096
N	E	N	E	P	E
8097	8098	8099	8100	8101	8102
N	E	N	E	N	E
8103	8104	8105	8106	8107	8108
N	E	P	E	N	E
8109	8110	8111	8112	8113	8114
N	E	P	E	N	E
8115	8116	8117	8118	8119	8120
N	E	P	E	N	E
8121	8122	8123	8124	8125	8126
N	E	N	E	N	E
8127	8128	8129	8130	8131	8132
N	E	N	E	N	E
8133	8134	8135	8136	8137	8138

N	E	N	E	N	E
8139	8140	8141	8142	8143	8144

N	E	P	E	N	E
8145	8146	8147	8148	8149	8150

N	E	N	E	N	E
8151	8152	8153	8154	8155	8156

N	E	N	E	P	E
8157	8158	8159	8160	8161	8162

N	E	N	E	P	E
8163	8164	8165	8166	8167	8168

N	E	P	E	N	E
8169	8170	8171	8172	8173	8174

N	E	N	E	P	E
8175	8176	8177	8178	8179	8180

N	E	N	E	N	E
8181	8182	8183	8184	8185	8186

N	E	N	E	P	E
8187	8188	8189	8190	8191	8192

N	E	N	E	N	E
8193	8194	8195	8196	8197	8198

N	E	N	E	N	E
8199	8200	8201	8202	8203	8204

N	E	N	E	P	E
8205	8206	8207	8208	8209	8210

N	E	N	E	N	E
8211	8212	8213	8214	8215	8216

N	E	P	E	P	E
8217	8218	8219	8220	8221	8222

N	E	N	E	N	E
8223	8224	8225	8226	8227	8228

N	E	P	E	P	E
8229	8230	8231	8232	8233	8234

N	E	P	E	N	E
8235	8236	8237	8238	8239	8240
N	E	P	E	N	E
8241	8242	8243	8244	8245	8246
N	E	N	E	N	E
8247	8248	8249	8250	8251	8252
N	E	N	E	N	E
8253	8254	8255	8256	8257	8258
N	E	N	E	P	E
8259	8260	8261	8262	8263	8264
N	E	N	E	P	E
8265	8266	8267	8268	8269	8270
N	E	P	E	N	E
8271	8272	8273	8274	8275	8276
N	E	N	E	N	E
8277	8278	8279	8280	8281	8282
N	E	N	E	P	E
8283	8284	8285	8286	8287	8288
N	E	P	E	P	E
8289	8290	8291	8292	8293	8294
N	E	P	E	N	E
8295	8296	8297	8298	8299	8300
N	E	N	E	N	E
8301	8302	8303	8304	8305	8306
N	E	N	E	P	E
8307	8308	8309	8310	8311	8312
N	E	N	E	P	E
8313	8314	8315	8316	8317	8318
N	E	N	E	N	E
8319	8320	8321	8322	8323	8324
N	E	N	E	P	E
8325	8326	8327	8328	8329	8330

N	E	N	E	N	E
8331	8332	8333	8334	8335	8336
N	E	N	E	N	E
8337	8338	8339	8340	8341	8342
N	E	N	E	N	E
8343	8344	8345	8346	8347	8348
N	E	N	E	P	E
8349	8350	8351	8352	8353	8354
N	E	N	E	N	E
8355	8356	8357	8358	8359	8360
N	E	P	E	N	E
8361	8362	8363	8364	8365	8366
N	E	P	E	N	E
8367	8368	8369	8370	8371	8372
N	E	N	E	P	E
8373	8374	8375	8376	8377	8378
N	E	N	E	N	E
8379	8380	8381	8382	8383	8384
N	E	P	E	P	E
8385	8386	8387	8388	8389	8390
N	E	N	E	N	E
8391	8392	8393	8394	8395	8396
N	E	N	E	N	E
8397	8398	8399	8400	8401	8402
N	E	N	E	N	E
8403	8404	8405	8406	8407	8408
N	E	N	E	N	E
8409	8410	8411	8412	8413	8414
N	E	N	E	P	E
8415	8416	8417	8418	8419	8420
N	E	P	E	N	E
8421	8422	8423	8424	8425	8426

N	E	P	E	P	E
8427	8428	8429	8430	8431	8432
N	E	N	E	N	E
8433	8434	8435	8436	8437	8438
N	E	N	E	P	E
8439	8440	8441	8442	8443	8444
N	E	P	E	N	E
8445	8446	8447	8448	8449	8450
N	E	N	E	N	E
8451	8452	8453	8454	8455	8456
N	E	N	E	P	E
8457	8458	8459	8460	8461	8462
N	E	N	E	P	E
8463	8464	8465	8466	8467	8468
N	E	N	E	N	E
8469	8470	8471	8472	8473	8474
N	E	N	E	N	E
8475	8476	8477	8478	8479	8480
N	E	N	E	N	E
8481	8482	8483	8484	8485	8486
N	E	N	E	N	E
8487	8488	8489	8490	8491	8492
N	E	N	E	N	E
8493	8494	8495	8496	8497	8498
N	E	P	E	N	E
8499	8500	8501	8502	8503	8504
N	E	N	E	N	E
8505	8506	8507	8508	8509	8510
N	E	P	E	N	E
8511	8512	8513	8514	8515	8516
N	E	N	E	P	E
8517	8518	8519	8520	8521	8522

N	E	N	E	P	E
8523	8524	8525	8526	8527	8528
N	E	N	E	N	E
8529	8530	8531	8532	8533	8534
N	E	P	E	P	E
8535	8536	8537	8538	8539	8540
N	E	P	E	N	E
8541	8542	8543	8544	8545	8546
N	E	N	E	N	E
8547	8548	8549	8550	8551	8552
N	E	N	E	N	E
8553	8554	8555	8556	8557	8558
N	E	N	E	P	E
8559	8560	8561	8562	8563	8564
N	E	N	E	N	E
8565	8566	8567	8568	8569	8570
N	E	P	E	N	E
8571	8572	8573	8574	8575	8576
N	E	N	E	P	E
8577	8578	8579	8580	8581	8582
N	E	N	E	N	E
8583	8584	8585	8586	8587	8588
N	E	N	E	N	E
8589	8590	8591	8592	8593	8594
N	E	P	E	P	E
8595	8596	8597	8598	8599	8600
N	E	N	E	N	E
8601	8602	8603	8604	8605	8606
N	E	P	E	N	E
8607	8608	8609	8610	8611	8612
N	E	N	E	N	E
8613	8614	8615	8616	8617	8618

N	E	N	E	N	E
8619	8620	8621	8622	8623	8624
N	E	N	E	N	E
8625	8626	8627	8628	8629	8630
N	E	N	E	N	E
8631	8632	8633	8634	8635	8636
N	E	N	E	N	E
8637	8638	8639	8640	8641	8642
N	E	N	E	N	E
8643	8644	8645	8646	8647	8648
N	E	N	E	N	E
8649	8650	8651	8652	8653	8654
N	E	N	E	N	E
8655	8656	8657	8658	8659	8660
N	E	N	E	N	E
8661	8662	8663	8664	8665	8666
N	E	N	E	N	E
8667	8668	8669	8670	8671	8672
N	E	N	E	N	E
8673	8674	8675	8676	8677	8678
N	E	N	E	N	E
8679	8680	8681	8682	8683	8684
N	E	N	E	N	E
8685	8686	8687	8688	8689	8690
N	E	N	E	N	E
8691	8692	8693	8694	8695	8696
N	E	N	E	N	E
8697	8698	8699	8700	8701	8702
N	E	N	E	N	E
8703	8704	8705	8706	8707	8708
N	E	N	E	N	E
8709	8710	8711	8712	8713	8714

N	E	N	E	P	E
8715	8716	8717	8718	8719	8720

N	E	N	E	N	E
8721	8722	8723	8724	8725	8726

N	E	N	E	P	E
8727	8728	8729	8730	8731	8732

N	E	N	E	P	E
8733	8734	8735	8736	8737	8738

N	E	P	E	N	E
8739	8740	8741	8742	8743	8744

N	E	P	E	N	E
8745	8746	8747	8748	8749	8750

N	E	P	E	N	E
8751	8752	8753	8754	8755	8756

N	E	N	E	P	E
8757	8758	8759	8760	8761	8762

N	E	N	E	N	E
8763	8764	8765	8766	8767	8768

N	E	N	E	N	E
8769	8770	8771	8772	8773	8774

N	E	N	E	P	E
8775	8776	8777	8778	8779	8780

N	E	P	E	N	E
8781	8782	8783	8784	8785	8786

N	E	N	E	N	E
8787	8788	8789	8790	8791	8792

N	E	N	E	N	E
8793	8794	8795	8796	8797	8798

N	E	N	E	P	E
8799	8800	8801	8802	8803	8804

N	E	P	E	N	E
8805	8806	8807	8808	8809	8810

N	E	N	E	N	E
8811	8812	8813	8814	8815	8816
N	E	P	E	P	E
8817	8818	8819	8820	8821	8822
N	E	N	E	N	E
8823	8824	8825	8826	8827	8828
N	E	P	E	N	E
8829	8830	8831	8832	8833	8834
N	E	P	E	P	E
8835	8836	8837	8838	8839	8840
N	E	N	E	N	E
8841	8842	8843	8844	8845	8846
N	E	P	E	N	E
8847	8848	8849	8850	8851	8852
N	E	N	E	N	E
8853	8854	8855	8856	8857	8858
N	E	P	E	P	E
8859	8860	8861	8862	8863	8864
N	E	P	E	N	E
8865	8866	8867	8868	8869	8870
N	E	N	E	N	E
8871	8872	8873	8874	8875	8876
N	E	N	E	N	E
8877	8878	8879	8880	8881	8882
N	E	N	E	P	E
8883	8884	8885	8886	8887	8888
N	E	N	E	P	E
8889	8890	8891	8892	8893	8894
N	E	N	E	N	E
8895	8896	8897	8898	8899	8900
N	E	N	E	N	E
8901	8902	8903	8904	8905	8906

N	E	N	E	N	E
8907	8908	8909	8910	8911	8912

N	E	N	E	N	E
8913	8914	8915	8916	8917	8918

N	E	N	E	P	E
8919	8920	8921	8922	8923	8924

N	E	N	E	P	E
8925	8926	8927	8928	8929	8930

N	E	P	E	N	E
8931	8932	8933	8934	8935	8936

N	E	N	E	P	E
8937	8938	8939	8940	8941	8942

N	E	N	E	N	E
8943	8944	8945	8946	8947	8948

N	E	P	E	N	E
8949	8950	8951	8952	8953	8954

N	E	N	E	N	E
8955	8956	8957	8958	8959	8960

N	E	P	E	N	E
8961	8962	8963	8964	8965	8966

N	E	P	E	P	E
8967	8968	8969	8970	8971	8972

N	E	N	E	N	E
8973	8974	8975	8976	8977	8978

N	E	N	E	N	E
8979	8980	8981	8982	8983	8984

N	E	N	E	N	E
8985	8986	8987	8988	8989	8990

N	E	N	E	N	E
8991	8992	8993	8994	8995	8996

N	E	P	E	P	E
8997	8998	8999	9000	9001	9002

N	E	N	E	P	E
9003	9004	9005	9006	9007	9008

N	E	P	E	P	E
9009	9010	9011	9012	9013	9014

N	E	N	E	N	E
9015	9016	9017	9018	9019	9020

N	E	N	E	N	E
9021	9022	9023	9024	9025	9026

N	E	P	E	N	E
9027	9028	9029	9030	9031	9032

N	E	N	E	N	E
9033	9034	9035	9036	9037	9038

N	E	P	E	P	E
9039	9040	9041	9042	9043	9044

N	E	N	E	P	E
9045	9046	9047	9048	9049	9050

N	E	N	E	N	E
9051	9052	9053	9054	9055	9056

N	E	P	E	N	E
9057	9058	9059	9060	9061	9062

N	E	N	E	P	E
9063	9064	9065	9066	9067	9068

N	E	N	E	N	E
9069	9070	9071	9072	9073	9074

N	E	N	E	N	E
9075	9076	9077	9078	9079	9080

N	E	N	E	N	E
9081	9082	9083	9084	9085	9086

N	E	N	E	P	E
9087	9088	9089	9090	9091	9092

N	E	N	E	N	E
9093	9094	9095	9096	9097	9098

N	E	N	E	P	E
9099	9100	9101	9102	9103	9104

N	E	N	E	P	E
9105	9106	9107	9108	9109	9110

N	E	N	E	N	E
9111	9112	9113	9114	9115	9116

N	E	N	E	N	E
9117	9118	9119	9120	9121	9122

N	E	N	E	P	E
9123	9124	9125	9126	9127	9128

N	E	N	E	P	E
9129	9130	9131	9132	9133	9134

N	E	P	E	N	E
9135	9136	9137	9138	9139	9140

N	E	N	E	N	E
9141	9142	9143	9144	9145	9146

N	E	N	E	P	E
9147	9148	9149	9150	9151	9152

N	E	N	E	P	E
9153	9154	9155	9156	9157	9158

N	E	P	E	N	E
9159	9160	9161	9162	9163	9164

N	E	N	E	N	E
9165	9166	9167	9168	9169	9170

N	E	P	E	N	E
9171	9172	9173	9174	9175	9176

N	E	N	E	P	E
9177	9178	9179	9180	9181	9182

N	E	N	E	P	E
9183	9184	9185	9186	9187	9188

N	E	N	E	N	E
9189	9190	9191	9192	9193	9194

N	E	N	E	P	E
9195	9196	9197	9198	9199	9200
N	E	P	E	N	E
9201	9202	9203	9204	9205	9206
N	E	P	E	N	E
9207	9208	9209	9210	9211	9212
N	E	N	E	N	E
9213	9214	9215	9216	9217	9218
N	E	P	E	N	E
9219	9220	9221	9222	9223	9224
N	E	P	E	N	E
9225	9226	9227	9228	9229	9230
N	E	N	E	N	E
9231	9232	9233	9234	9235	9236
N	E	P	E	P	E
9237	9238	9239	9240	9241	9242
N	E	N	E	N	E
9243	9244	9245	9246	9247	9248
N	E	N	E	N	E
9249	9250	9251	9252	9253	9254
N	E	P	E	N	E
9255	9256	9257	9258	9259	9260
N	E	N	E	N	E
9261	9262	9263	9264	9265	9266
N	E	N	E	N	E
9267	9268	9269	9270	9271	9272
N	E	N	E	P	E
9273	9274	9275	9276	9277	9278
N	E	P	E	P	E
9279	9280	9281	9282	9283	9284
N	E	N	E	N	E
9285	9286	9287	9288	9289	9290

N	E	P	E	N	E
9291	9292	9293	9294	9295	9296
N	E	N	E	N	E
9297	9298	9299	9300	9301	9302
N	E	N	E	N	E
9303	9304	9305	9306	9307	9308
N	E	P	E	N	E
9309	9310	9311	9312	9313	9314
N	E	N	E	P	E
9315	9316	9317	9318	9319	9320
N	E	P	E	N	E
9321	9322	9323	9324	9325	9326
N	E	N	E	N	E
9327	9328	9329	9330	9331	9332
N	E	H	E	P	E
9333	9334	9335	9336	9337	9338
N	E	P	E	P	E
9339	9340	9341	9342	9343	9344
N	E	N	E	P	E
9345	9346	9347	9348	9349	9350
N	E	N	E	N	E
9351	9352	9353	9354	9355	9356
N	E	N	E	N	E
9357	9358	9359	9360	9361	9362
N	E	N	E	N	E
9363	9364	9365	9366	9367	9368
N	E	P	E	N	E
9369	9370	9371	9372	9373	9374
N	E	P	E	N	E
9375	9376	9377	9378	9379	9380
N	E	N	E	N	E
9381	9382	9383	9384	9385	9386

N	E	N	E	P	E
9387	9388	9389	9390	9391	9392

N	E	N	E	P	E
9393	9394	9395	9396	9397	9398

N	E	N	E	P	E
9399	9400	9401	9402	9403	9404

N	E	N	E	N	E
9405	9406	9407	9408	9409	9410

N	E	P	E	N	E
9411	9412	9413	9414	9415	9416

N	E	P	E	P	E
9417	9418	9419	9420	9421	9422

N	E	N	E	N	E
9423	9424	9425	9426	9427	9428

N	E	P	E	P	E
9429	9430	9431	9432	9433	9434

N	E	P	E	P	E
9435	9436	9437	9438	9439	9440

N	E	N	E	N	E
9441	9442	9443	9444	9445	9446

N	E	N	E	N	E
9447	9448	9449	9450	9451	9452

N	E	N	E	N	E
9453	9454	9455	9456	9457	9458

N	E	P	E	P	E
9459	9460	9461	9462	9463	9464

N	E	P	E	N	E
9465	9466	9467	9468	9469	9470

N	E	P	E	N	E
9471	9472	9473	9474	9475	9476

N	E	P	E	N	E
9477	9478	9479	9480	9481	9482

N	E	N	E	N	E
9483	9484	9485	9486	9487	9488

N	E	P	E	N	E
9489	9490	9491	9492	9493	9494

N	E	P	E	N	E
9495	9496	9497	9498	9499	9500

N	E	N	E	N	E
9501	9502	9503	9504	9505	9506

N	E	N	E	P	E
9507	9508	9509	9510	9511	9512

N	E	N	E	N	E
9513	9514	9515	9516	9517	9518

N	E	P	E	N	E
9519	9520	9521	9522	9523	9524

N	E	N	E	N	E
9525	9526	9527	9528	9529	9530

N	E	P	E	N	E
9531	9532	9533	9534	9535	9536

N	E	P	E	N	E
9537	9538	9539	9540	9541	9542

N	E	N	E	P	E
9543	9544	9545	9546	9547	9548

N	E	P	E	N	E
9549	9550	9551	9552	9553	9554

N	E	N	E	N	E
9555	9556	9557	9558	9559	9560

N	E	N	E	N	E
9561	9562	9563	9564	9565	9566

N	E	N	E	N	E
9567	9568	9569	9570	9571	9572

N	E	N	E	N	E
9573	9574	9575	9576	9577	9578

N	E	N	E	N	E
9579	9580	9581	9582	9583	9584

N	E	P	E	N	E
9585	9586	9587	9588	9589	9590

N	E	N	E	N	E
9591	9592	9593	9594	9595	9596

N	E	N	E	P	E
9597	9598	9599	9600	9601	9602

N	E	N	E	N	E
9603	9604	9605	9606	9607	9608

N	E	N	E	P	E
9609	9610	9611	9612	9613	9614

N	E	N	E	P	E
9615	9616	9617	9618	9619	9620

N	E	P	E	N	E
9621	9622	9623	9624	9625	9626

N	E	P	E	P	E
9627	9628	9629	9630	9631	9632

N	E	N	E	N	E
9633	9634	9635	9636	9637	9638

N	E	N	E	P	E
9639	9640	9641	9642	9643	9644

N	E	N	E	P	E
9645	9646	9647	9648	9649	9650

N	E	N	E	N	E
9651	9652	9653	9654	9655	9656

N	E	N	E	P	E
9657	9658	9659	9660	9661	9662

N	E	N	E	N	E
9663	9664	9665	9666	9667	9668

N	E	N	E	N	E
9669	9670	9671	9672	9673	9674

N	E	P	E	P	E
9675	9676	9677	9678	9679	9680

N	E	N	E	N	E
9681	9682	9683	9684	9685	9686

N	E	P	E	N	E
9687	9688	9689	9690	9691	9692

N	E	N	E	P	E
9693	9694	9695	9696	9697	9698

N	E	N	E	N	E
9699	9700	9701	9702	9703	9704

N	E	N	E	N	E
9705	9706	9707	9708	9709	9710

N	E	N	E	N	E
9711	9712	9713	9714	9715	9716

N	E	P	E	P	E
9717	9718	9719	9720	9721	9722

N	E	N	E	N	E
9723	9724	9725	9726	9727	9728

N	E	N	E	P	E
9729	9730	9731	9732	9733	9734

N	E	N	E	P	E
9735	9736	9737	9738	9739	9740

N	E	P	E	N	E
9741	9742	9743	9744	9745	9746

N	E	P	E	N	E
9747	9748	9749	9750	9751	9752

N	E	N	E	N	E
9753	9754	9755	9756	9757	9758

N	E	N	E	N	E
9759	9760	9761	9762	9763	9764

N	E	P	E	P	E
9765	9766	9767	9768	9769	9770

N	E	N	E	N	E
9771	9772	9773	9774	9775	9776
N	E	N	E	P	E
9777	9778	9779	9780	9781	9782
N	E	N	E	P	E
9783	9784	9785	9786	9787	9788
N	E	P	E	N	E
9789	9790	9791	9792	9793	9794
N	E	N	E	N	E
9795	9796	9797	9798	9799	9800
N	E	P	E	N	E
9801	9802	9803	9804	9805	9806
N	E	N	E	P	E
9807	9808	9809	9810	9811	9812
N	E	N	E	P	E
9813	9814	9815	9816	9817	9818
N	E	N	E	N	E
9819	9820	9821	9822	9823	9824
N	E	N	E	P	E
9825	9826	9827	9828	9829	9830
N	E	P	E	N	E
9831	9832	9833	9834	9835	9836
N	E	P	E	N	E
9837	9838	9839	9840	9841	9842
N	E	N	E	N	E
9843	9844	9845	9846	9847	9848
N	E	P	E	N	E
9849	9850	9851	9852	9853	9854
N	E	P	E	P	E
9855	9856	9857	9858	9859	9860
N	E	N	E	N	E
9861	9862	9863	9864	9865	9866

N	E	N	E	P	E
9867	9868	9869	9870	9871	9872
N	E	N	E	N	E
9873	9874	9875	9876	9877	9878
N	E	N	E	P	E
9879	9880	9881	9882	9883	9884
N	E	P	E	N	E
9885	9886	9887	9888	9889	9890
N	E	N	E	N	E
9891	9892	9893	9894	9895	9896
N	E	N	E	P	E
9897	9898	9899	9900	9901	9902
N	E	N	E	P	E
9903	9904	9905	9906	9907	9908
N	E	N	E	N	E
9909	9910	9911	9912	9913	9914
N	E	N	E	N	E
9915	9916	9917	9918	9919	9920
N	E	P	E	N	E
9921	9922	9923	9924	9925	9926
N	E	P	E	P	E
9927	9928	9929	9930	9931	9932
N	E	N	E	N	E
9933	9934	9935	9936	9937	9938
N	E	P	E	N	E
9939	9940	9941	9942	9943	9944
N	E	N	E	P	E
9945	9946	9947	9948	9949	9950
N	E	N	E	N	E
9951	9952	9953	9954	9955	9956
N	E	N	E	N	E
9957	9958	9959	9960	9961	9962

N	E	N	E	P	E
9963	9964	9965	9966	9967	9968
N	E	N	E	P	E
9969	9970	9971	9972	9973	9974
N	E	N	E	N	E
9975	9976	9977	9978	9979	9980
N	E	N	E	N	E
9981	9982	9983	9984	9985	9986
N	E	N	E	N	E
9987	9988	9989	9990	9991	9992
N	E	N	E	N	E
9993	9994	9995	9996	9997	9998
N	E	N	E	N	E
9999	10000	10001	10002	10003	10004
N	E	P	E	P	E
10005	10006	10007	10008	10009	10010
N	E	N	E	N	E
10011	10012	10013	10014	10015	10016
N	E	N	E	N	E
10017	10018	10019	10020	10021	10022
N	E	N	E	N	E
10023	10024	10025	10026	10027	10028
N	E	N	E	N	E
10029	10030	10031	10032	10033	10034
N	E	N	E	P	E
10035	10036	10037	10038	10039	10040
N	E	N	E	N	E
10041	10042	10043	10044	10045	10046
N	E	N	E	N	E
10047	10048	10049	10050	10051	10052
N	E	N	E	N	E
10053	10054	10055	10056	10057	10058

N	E	P	E	N	E
10059	10060	10061	10062	10063	10064

N	E	P	E	P	E
10065	10066	10067	10068	10069	10070

N	E	N	E	N	E
10071	10072	10073	10074	10075	10076

N	E	P	E	N	E
10077	10078	10079	10080	10081	10082

N	E	N	E	N	E
10083	10084	10085	10086	10087	10088

N	E	P	E	P	E
10089	10090	10091	10092	10093	10094

N	E	N	E	P	E
10095	10096	10097	10098	10099	10100

N	E	P	E	N	E
10101	10102	10103	10104	10105	10106

N	E	N	E	P	E
10107	10108	10109	10110	10111	10112

N	E	N	E	N	E
10113	10114	10115	10116	10117	10118

N	E	N	E	N	E
10119	10120	10121	10122	10123	10124

N	E	N	E	N	E
10125	10126	10127	10128	10129	10130

N	E	P	E	N	E
10131	10132	10133	10134	10135	10136

N	E	P	E	P	E
10137	10138	10139	10140	10141	10142

N	E	N	E	N	E
10143	10144	10145	10146	10147	10148

N	E	P	E	N	E
10149	10150	10151	10152	10153	10154

N	E	N	E	P	E
10155	10156	10157	10158	10159	10160
N	E	P	E	N	E
10161	10162	10163	10164	10165	10166
N	E	P	E	N	E
10167	10168	10169	10170	10171	10172
N	E	N	E	P	E
10173	10174	10175	10176	10177	10178
N	E	P	E	N	E
10179	10180	10181	10182	10183	10184
N	E	N	E	N	E
10185	10186	10187	10188	10189	10190
N	E	P	E	N	E
10191	10192	10193	10194	10195	10196
N	E	N	E	N	E
10197	10198	10199	10200	10201	10202
N	E	N	E	N	E
10203	10204	10205	10206	10207	10208
N	E	P	E	N	E
10209	10210	10211	10212	10213	10214
N	E	N	E	N	E
10215	10216	10217	10218	10219	10220
N	E	P	E	N	E
10221	10222	10223	10224	10225	10226
N	E	N	E	N	E
10227	10228	10229	10230	10231	10232
N	E	N	E	N	E
10233	10234	10235	10236	10237	10238
N	E	N	E	N	E
10239	10240	10241	10242	10243	10244
N	E	P	E	N	E
10245	10246	10247	10248	10249	10250

N	E	P	E	N	E
10251	10252	10253	10254	10255	10256

N	E	P	E	N	E
10257	10258	10259	10260	10261	10262

N	E	N	E	P	E
10263	10264	10265	10266	10267	10268

N	E	P	E	P	E
10269	10270	10271	10272	10273	10274

N	E	N	E	N	E
10275	10276	10277	10278	10279	10280

N	E	N	E	N	E
10281	10282	10283	10284	10285	10286

N	E	P	E	N	E
10287	10288	10289	10290	10291	10292

N	E	N	E	N	E
10293	10294	10295	10296	10297	10298

N	E	P	E	P	E
10299	10300	10301	10302	10303	10304

N	E	N	E	N	E
10305	10306	10307	10308	10309	10310

N	E	P	E	N	E
10311	10312	10313	10314	10315	10316

N	E	N	E	P	E
10317	10318	10319	10320	10321	10322

N	E	N	E	N	E
10323	10324	10325	10326	10327	10328

N	E	P	E	P	E
10329	10330	10331	10332	10333	10334

N	E	P	E	N	E
10335	10336	10337	10338	10339	10340

N	E	P	E	N	E
10341	10342	10343	10344	10345	10346

N	E	N	E	N	E
10347	10348	10349	10350	10351	10352
N	E	N	E	P	E
10353	10354	10355	10356	10357	10358
N	E	N	E	N	E
10359	10360	10361	10362	10363	10364
N	E	N	E	P	E
10365	10366	10367	10368	10369	10370
N	E	N	E	N	E
10371	10372	10373	10374	10375	10376
N	E	N	E	N	E
10377	10378	10379	10380	10381	10382
N	E	N	E	N	E
10383	10384	10385	10386	10387	10388
N	E	P	E	N	E
10389	10390	10391	10392	10393	10394
N	E	N	E	P	E
10395	10396	10397	10398	10399	10400
N	E	N	E	N	E
10401	10402	10403	10404	10405	10406
N	E	N	E	N	E
10407	10408	10409	10410	10411	10412
N	E	N	E	N	E
10413	10414	10415	10416	10417	10418
N	E	N	E	N	E
10419	10420	10421	10422	10423	10424
N	E	P	E	P	E
10425	10426	10427	10428	10429	10430
N	E	P	E	N	E
10431	10432	10433	10434	10435	10436
N	E	N	E	N	E
10437	10438	10439	10440	10441	10442

N	E	N	E	N	E
10443	10444	10445	10446	10447	10448
N	E	N	E	P	E
10449	10450	10451	10452	10453	10454
N	E	P	E	P	E
10455	10456	10457	10458	10459	10460
N	E	P	E	N	E
10461	10462	10463	10464	10465	10466
N	E	N	E	N	E
10467	10468	10469	10470	10471	10472
N	E	N	E	P	E
10473	10474	10475	10476	10477	10478
N	E	N	E	N	E
10479	10480	10481	10482	10483	10484
N	E	P	E	N	E
10485	10486	10487	10488	10489	10490
N	E	N	E	N	E
10491	10492	10493	10494	10495	10496
N	E	P	E	P	E
10497	10498	10499	10500	10501	10502

CHART 2

PRIME NUMBERS FROM 0 TO 3000
ARRANGED BY DECADE

2	3	5	7
11	13	17	19
23	29		
31	37		
41	43	47	
53	59		
61	67		
71	73	79	
83	89		
97			
101	103	107	109
113			
127			
131	137	139	
149			
151	157		
163	167		
173	179		
181			
191	193	197	199
211			
223	227	229	
233	239		
241			
251	257		
263	269		
271	277		
281	283		
293			
307			
311	313	317	
331	337		
347	349		
353	359		
367			
373	379		
383	389		
397			
401	409		
419			

421			
431	433	439	
443	449		
457			
461	463	467	
479			
487			
491	499		
503	509		
521	523		
541	547		
557			
563	569		
571	577		
587			
593	599		
601	607		
613	617	619	
631			
641	643	647	
653	659		
661			
673	677		
683			
691			
701	709		
719			
727			
733	739		
743			
751	757		
761	769		
773			
787			
797			
809			
811			
821	823	827	829
839			
853	857	859	
863			
877			
881	883	887	
907			
911	919		
929			
937			

941	947		
953			
967			
971	977		
983			
991	997		
1009			
1013	1019		
1021			
1031	1033	1039	
1049			
1051			
1061	1063	1069	
1087			
1091	1093	1097	
1103	1109		
1117			
1123	1129		
1151	1153		
1163			
1171			
1181	1187		
1193			
1201			
1213	1217		
1223	1229		
1231	1237		
1249			
1259			
1277	1279		
1283	1289		
1291	1297		
1301	1303	1307	
1319			
1321	1327		
1361	1367		
1373			
1381			
1399			
1409			
1423	1427	1429	
1433	1439		
1447			
1451	1453	1459	
1471			
1481	1483	1487	1489
1493	1499		

1511			
1523			
1531			
1543	1549		
1553	1559		
1567			
1571	1579		
1583			
1597			
1601	1607	1609	
1613	1619		
1621	1627		
1637			
1657			
1663	1667	1669	
1693	1697	1699	
1709			
1721	1723		
1733			
1741	1747		
1753	1759		
1777			
1783	1787	1789	
1801			
1811			
1823			
1831			
1847			
1861	1867		
1871	1873	1877	1879
1889			
1901	1907		
1913			
1931	1933		
1949	1951		
1973	1979		
1987			
1993	1997	1999	
2003			
2011			
2017			
2027	2029		
2039			
2053			
2063	2069		
2081	2083	2087	2089
2099			

2111	2113	
2129		
2131	2137	
2141	2143	
2153		
2161		
2179		
2203	2207	
2213		
2221		
2237	2239	
2243		
2251		
2267	2269	
2273		
2281	2287	
2293	2297	
2309		
2311		
2333	2339	
2341	2347	
2351	2357	
2371	2377	
2381	2383	2389
2393	2399	
2411		
2417		
2423		
2437		
2441	2447	
2459		
2467		
2473	2477	
2503		
2521		
2531	2539	
2543	2549	
2551	2557	
2579		
2591	2593	
2609		
2617		
2621		
2633		
2647		
2657	2659	
2663		

2671	2677	
2683	2687	2689
2693	2699	
2707		
2711	2713	2719
2729		
2731		
2741	2749	
2753		
2767		
2777		
2789		
2791	2797	
2801	2803	
2819		
2833	2837	
2843		
2851	2857	
2861		
2879		
2887		
2897		
2903	2909	
2917		
2927		
2939		
2953	2957	
2963	2969	
2971		
2999		

CHART 3

MULTIPLES OF 3, 5, 7, 11

Multiples of 3	Multiples of 5	Multiples of 7	Multiples of 11
9	15	21	33
15	25	35	55
21	35	49	77
27	45	63	99
33	55	77	121
39	65	91	143
45	75	105	165
51	85	119	187
57	95	133	209
63	105	147	231
69	115	161	253
75	125	175	275
81	135	189	297
87	145	203	319
93	155	217	341
99	165	231	363
105	175	245	385
111	185	259	407
117	195	273	429
123	205	287	451
129	215	301	473

ABOUT THE AUTHOR

Joe Hilley is a New York Times bestselling author. He was educated at Asbury College and Cumberland School of Law and resides with his family on the Gulf Coast. To learn more about him visit his website at joehilley.com.